合先生与询小姐

陈英丽　主编

湖东幸福妈妈　组编

中国言实出版社

图书在版编目（CIP）数据

咨先生与询小姐 / 湖东幸福妈妈组编；陈英丽主编 .
-- 北京：中国言实出版社，2018.5
ISBN 978-7-5171-2765-9

Ⅰ.①咨… Ⅱ.①湖… ②陈… Ⅲ.①心理咨询—咨询服务
Ⅳ.① R395.6

中国版本图书馆 CIP 数据核字（2018）第 089601 号

责任编辑：张　丽
责任校对：史会美
出版统筹：胡　明
责任印制：佟贵兆
封面设计：戴　敏

出版发行　中国言实出版社
　　地　　址：北京市朝阳区北苑路 180 号加利大厦 5 号楼 105 室
　　邮　　编：100101
　　编辑部：北京市海淀区北太平庄路甲 1 号
　　邮　　编：100088
　　电　　话：64924853（总编室）　 64924716（发行部）
　　网　　址：www.zgyscbs.cn
　　E-mail：zgyscbs@263.net
经　　销　新华书店
印　　刷　北京康利胶印厂
版　　次　2018 年 12 月第 1 版　　 2018 年 12 月第 1 次印刷
规　　格　710 毫米 ×1000 毫米　 1/16　 18.25 印张
字　　数　250 千字
定　　价　46.00 元　 ISBN 978-7-5171-2765-9

目　录

第 4 章　穿越"钱"与"情"的迷雾

第 5 章　失落的梦想、奢侈的友情 vs. 无处不在的成长

第 6 章　带着遗憾，好好生活

序一

心理咨询是对生命价值的尊重与不懈追求

心理咨询的理论与技巧源自西方医学与心理学，进入中国后与中国本土文化相结合，近 20 年来得到飞速的发展。心理咨询行业，曾被国人视作一个新鲜而又神秘的领域。随着人们对心理健康认识的提高，对心理咨询的需求也在日益增大。

心理咨询到底是怎么回事儿呢？本书也许可以为您揭开这"神秘面纱"的一角，在此，您将可以看到心理师通常会怎样思考、怎样工作，他们是如何运用专业的知识去促成来访者最重要的改变；可以初步了解到心理师也会有普通人的情感与人格弱点，他们如何做到自我觉察，又如何负责任地引导来访者；还可以体会到心理咨询的工作对象不一定是得了严重心理疾病的人，他们可能是你我身边遭遇寻常烦恼的普通人。

心理咨询要想起作用，一个充分必要条件是来访者与心理师之间的"治疗联盟"。心理师必须有能力让来访者感受到安全，而来访者也需要充分信任心理师，这样双方才能有足够的信息沟通，产生情感的共鸣。本书中每一次来访者的"顿悟"、每一个步履艰难的改变又或者视线的拓展都离不开良好的"治疗联盟"这个前提。

本书由 6 位作者合力写成。日常工作中，他们接触了大量的案例，也取得了骄人的成绩，他们精心挑选了部分有代表性的个案，在得到全部案例故事原型的知情同意后在本书中逐一介绍。当然，出于对个人隐私的尊重，文中已经隐匿了故事原型的可识别信息，并对故事进行了一定程度的改编。作者们试图用通俗易懂的语言和引人入胜的情节，生动形象地展示心理咨询的一般过程、方法要领以及来访者和心理师双方如何合作去实现约定的目标。我们从中可以看到，作者群体存有的对心理专业的"敬畏之心"、对来访者的"助人之情"、对大众的"科普志愿"，以及对自身的"提升渴求"。

6位心理师在日常的咨询工作中、在本书的写作过程中，同时组成了一个"工作联盟"，这是一个同辈督导的团体，他们在互帮互助中促进了专业的提升和个人的成长，这是我很高兴看到的。

不管是初学者抑或是资深的心理专业工作者，持续接受自我分析和案例督导，不断加深对自我的觉察和反思，是永远不能停止的工作。令人欣赏的是，当我就职业伦理、价值中立、案例归因以及语言表达等多方面提出我的意见时，作者群体总是能够积极回应，甚至他们会就我提出的某个建议召开内部大讨论，然后进行相应的调整。这种不因为曾经的工作效果理想就盲目乐观且主动自省、查漏补缺的工作态度，让我感受到年轻一代心理咨询师良好的心理素质和对职业素养的高度重视。

任何一个行业的发展，以及行业价值的体现，都离不开学术和实践领域无数同仁的共同努力和实践。在质疑中反思，在争议中进步，通过有意识的自我成长获得专业技能上更大的自由，进而达到无我之境，才能在专业上走得更深、更远。

综上，作为一部科普书籍，描述现实世界种种常见的矛盾纠葛和内心冲突，体会心理学在其中存有怎样的价值和意义，体现咨访双方对生命价值的尊重与不懈追求，无论是对普通大众抑或初入心理咨询行业的人士，本书都值得一读。

吕 华

2018 年 7 月于苏州

序二

所谓见过世面，无非是被生活虐而不厌

从大学时代初次学习心理学到 12 年后从事心理咨询工作，再到今天先后服务了诸多来自各行各业、带着各种各样困惑和难题的来访者，我对心理咨询这一行的理解、感触最深的一点就是：所谓见过世面，无非是被生活虐而不厌。

就像大多数接受心理咨询的人，他们并不是真正的弱者，他们做出了一种善良而勇敢的选择，为自己、为身边爱他和他爱的人，探索更好的生活和成长的可能性。他们见识过人生低谷的幽暗，又选择重新迎接阳光和黎明。他们超越"家丑不可外扬"的思想束缚，与他们信任的咨询师一起合作，倾诉烦恼、寻求理解、解释现象、分析原因、预测后果、探索方法、学会把控……心理咨询也许不能帮他们创造一个清澈的世界，但是往往能让他们看待世界的眼神更加清澈。当他们跨过那道曾经以为不可逾越的坎儿，代之以对自身力量的相信和对事件的"有能为力"感，他们已经更上一层楼，见识了更多的世面。

本书由 6 位从事一线工作的资深心理咨询师合力编写，通俗易懂，旨在让大众认识一个接地气的心理学，了解心理学与生活的密切联系。故事中的主人公在迷茫中探索，恰如在现实世界中努力而挣扎的你和我。这不是专属于某个人或者某一类人的故事，这也许是属于这个时代中大多数人的故事。每个人几乎都能从中看到自己生活的影子。

本书所精选的几十个案例故事，涵盖了不同年龄段的多个主题：爱情、婚姻、亲情、友情、职业、子女教育、家庭关系、金钱关系、梦想与成长、遗憾与残缺等社会问题，涉及不同阶层，探讨了诸如焦虑、抑郁、自卑、情绪障碍、精神疾病等常见问题的疗愈思路，同时也没有回避创伤和死亡的话题。

由于心理咨询在当下的中国社会还没有广泛地为大众所熟知，所以，在这里作者想澄清以下几个常见问题。

1. 心理咨询是服务于"精神病人"的吗

在中国，真正意义上的"精神病人"，需要的是心理治疗、药物治疗和一些特殊的医疗方法，而不是心理咨询。他们或许需要较长时间的治疗过程，甚至需要在精神专科医院住院治疗。而心理咨询的服务对象，绝大多数是带着问题的平常人。随着经济和社会的发展，各类心理问题在人群中发生的比率逐渐升高，预防的价值将逐渐超越治疗的价值。心理学的发展方向，恰恰是服务于更多"没病的人"，心理学界泰斗张厚璨教授如是说。

2. 既然我没"病"，那为什么还有必要去做心理咨询呢

引用资深情感节目主持人、心理治疗师青音的话：在心理行业中，我们不认为有那么多的人都是需要被治疗的，但是有大量的人是需要被疗愈、被抚慰、被陪伴的，他们同样需要真正的心理学人走下高台圣殿，一起帮助他们。

大多数主动预约心理咨询的人，往往是对生活品质有着高要求的思想开通之人，他们总是在寻找让自己或者家人更好地生活的可能性。而那些被动地被亲人或朋友劝来的人，往往是在乎亲人或朋友感受的人，他们虽不情愿但还是接受了安排，同时也给了自己从被动到主动地获得改善的机缘——他们的内心，有一部分也是柔软的。实践证明，被动地来到咨询室的人，第二次咨询的时候是自己主动愿意来了，这样的事例并不少见。

3. 如果人们不及时得到疗愈会怎么样呢

有一种可能是自我修复了，但需要较长时间的挣扎；还有一种可能是让伤痛和困扰凝固在心底，成了人生的阴霾，严重影响生活的质量和舒适

度；更有一种可能是从没病发展到了"有病"——很多心理疾病并不是突然间发生的，它们一开始可能以心理困扰、心理障碍的方式出现，由于没有得到及时的重视和干预而发展到严重的情感障碍或精神疾病，给当事人和家人带来极大的痛苦和损失，甚至影响一生的健康和幸福。

不了解心理学的人需要知道，心理学里所讲的"病"，有着严格的诊断标准。这也意味着，如果一个人真的"病"了，就不仅仅是需要心理咨询这么简单了。他需要接受医院的药物治疗和一些特殊疗法，需要较长时间的治疗过程，甚至需要在精神专科医院住院治疗。

4.真的要等到"病"了才要迈出那一步吗

由于心理健康知识的缺乏，当前仍有很多人喜欢纠结自己到底是"病了"还是"没病"，仿佛不承认生病，疾病就会自动好了一样；或者他们认为只有确切地被诊断为病了才需要接受心理咨询或者就医，哪怕症状已经折磨了他很长时间。心理疾病的预防和及早治疗意识，还有待普及。

对于"有病"还是"没病"，文字上的较真其实没有必要。你我作为普通人，在生命的某个时刻都会与一些烦心事狭路相逢，当你持续地被某种情绪或者事件所困扰、在心理上和躯体上产生了比较明显的不适反应，进而开始影响生活质量或者工作效率，用了自己能够想到的办法都不奏效时，你就需要找人好好聊聊了。这个人也许是你的亲朋好友，如果他们能伴你走出难关，当然最好不过。但如果你已经知道他们不能，那么在放弃之前永远别忘了，还有另外一种选择，咨询"专业人士"（心理咨询师、心理治疗师、医生等）。一位合格的专业人员有能力陪你探索一条柳暗花明的新路。

不要真的等到"病"了才去看病，不要在内心已经奄奄一息的时候还摇头否认。你耽误的不仅仅是病情，还有自由和岁月。

5.心理咨询就是聊天吗

这种说法也对，但并不全面。在心理咨询过程中，聊天也往往是有技术设置的，比如为什么要问来访者这个问题、怎么问、聊多久，然后怎澄清和总结，等等，并不是聊到哪里算哪里。心理咨询中的聊天还有一个重要的特征就是不以咨询师自身的经验和价值观来评判来访者，也不会有意地灌输给来访者某一种"人生的道理"，而是重视如何把来访者的潜能激发出来，从而让他自己能够找到更适宜的思路和行为方式。

心理咨询就像是"产婆之术"，相信来访者肚子里"有货"（解决方法），但是如何"接生"也是一个重要的过程，不仅需要咨询师的技术，还需要来访者的配合。

除了聊天，心理咨询还可以通过心理测评、催眠、冥想、绘画、沙盘游戏、音乐放松、OH卡牌、叙事（或写作）等多种形式进行。一般来说，咨询师会根据来访者的具体情况来判断是否需要运用以上的咨询形式。

6.咨先生与询小姐是谁呢

可以指心理咨询师，也可以指接受心理咨询的你和我。这两个角色并没有绝对的界限。心理咨询师也有人性的弱点，也有困惑和脆弱的时候，他们往往都体验过心理咨询并相信专业的力量。而心理咨询本身既解决来访者的问题，也丰富咨询师的阅历、挑战咨询师的功力，彼此感动、共同进步。你中有我，我中有你，大家是一伙儿的。

关于本书内容的说明：心理咨询是一个系统的过程，由于篇幅所限，我们无法将整个过程详细呈现。谨选取有代表性的故事和分析角度，希望能给读者带来点滴启发或开悟。

关于文中案例的说明：有的是经过来访者同意，在隐匿能够识别当事人信息的基础上，将其个人的成长经历分享给读者。有的是将来访者的信息加工处理，比如将遇到某一类问题的多位来访者的特点整合在一起，塑造出一个更有代表性的人物形象；有的是根据社会上普遍存在的现象塑造出一个人物和故事，并从心理学角度进行解析，如读者感到与自身情况相同或相似，纯属巧合。

关于读者对象的说明：（1）在工作和生活中存在某方面的困惑，希望从别人的故事里得到启发的人士，但是他可能暂时还不想接受正儿八经的心理咨询，于是一本关于心理咨询的读物对他来说是不错的选择；（2）对心理学或者心理咨询感兴趣的人士；（3）已经很智慧了，但智慧偶尔会掉链子，需要重新植入心锚的人士；（4）关心心理学的规范应用和行业发展的人士。

在本书的写作过程中，6位作者克服了各自生活中的困难，同心同德，互相勉励；为了提高文章的专业性和可读性，又结成对子互相纠错，同时扮演"鲇鱼"和"天使"两种角色；通过探讨写作进而取长补短，增进自我觉察，体验多人合作带来的思想碰撞与观点融合——这本身就是一部现实版的团体疗愈和朋辈督导过程。

本书的最终成稿得益于多方的支持和鼓励，在此致以衷心的感谢。

感谢江苏省苏州工业园区科技协会，将本书的编写列入科普公益计划并提供部分资金支持；

感谢苏州市吴江区精神康复医院党组书记吕华女士，作为专家，她代表吴江区心理健康协会帮助作者仔细地审阅稿件，提出多条有建设性的修改意见，使得本书的编著更趋规范；

感谢中国言实出版社编辑张丽女士，一直鼓励作者团队写出具有实践应用价值的书籍，并在选题和内容上提出了独到的见解；

感谢苏州工业园区水墨社区党支部，为本书的筹备和调研工作提供了便利；

感谢多位"尝鲜"读者，在本书的写作过程中及时给予反馈，使得本书的内容和风格能够照顾到更多不同群体的感受；

感谢文中引用部分的原作者，他们思想的精华给了作者有益的借鉴，同时也将通过本书造福更多的读者。我们尽量备注了原出处，如有遗漏，并非本书作者有意为之，还请联络我们，我们将做出相应的补充和感谢。

诚然，任何一个人或者团体的智慧都是有限的，本书的内容难免会存在一些疏漏之处。我们以开放的心态期待来自读者和业内人士的中肯建议。

　　也许我们已经用脚步丈量过无数的人生风景，直到看了这本书才发现，那些困惑了我们许久的难题，随时可以代之以崭新的惊喜。相信专业的力量，"转头便是晴天"。如是，则是作者团队衷心所愿！

陈英丽

2018 年 7 月于苏州

第 1 章

无咨询，不幸福

心理咨询是一个提供心灵安全的地方

所有的情绪，只有安全地释放，人才能渡过

你可以

带着相信，说出怀疑

带着智慧，说出愚蠢

带着爱，说出恨……

在这里，你有机会成为更好的自己

破茧成蝶，回身望，世事尽在眼底，了然于胸

专家前辈谓之曰——心理咨询是要给人"登天的感觉"

陨落的精英：生与死之间可能只差一位心理咨询师

秦大卫

生命是无价的。

生命也应该是美好的。

但有多少生命，在盛开的季节，却离我们而去。

是什么让他们不堪重负，如此绝望？

我们又能做些什么，让生命绝处逢生……

01 残酷的现实

"老师，我真的撑不下去了，我想是不是死了以后就真的轻松了？"尚处青春年华的来访者坐在我的面前，低着头，不停地用纸巾擦着眼泪。

这是不久前在我的咨询室里发生的真实的一幕，作为心理咨询师，对这种场面已经习以为常了。可以说这样的来访者是不幸的，不管是因为突发的创伤事件，还是长期的压抑状态，他们普遍背负着压力、委屈、误解、伤害甚至已经处于近乎绝望的境地。但另一方面，也可以说他们是幸运的，因为他们在绝望之中还为自己留了一扇门，还有机会求助于专业机构。然而，并不是所有人都肯给自己留一个机会。

据报道，2017 年 12 月 10 日，深圳中兴网信科技有限公司某员工，得知被裁员的消息后，在试图与领导沟通未果的情况下，从公司大楼一跃而下。就这样在刹那间，一位好儿子、好丈夫、好爸爸从此与妻儿老小阴阳相隔。

这件事，在社会上引起了广泛的关注和讨论。人们感叹，生与死之间，也许只是几秒钟的距离！

而更令人痛心疾首的是，近年来此类事件层出不穷：不堪忍受导师压力的博士生、不堪忍受前妻敲诈的程序员、不堪忍受行业规则的知名演员……这些大家眼中的精英的陨落，引起了广泛的关注和深深的惋惜。当然，自杀也不仅仅是精英们的专利。据世界卫生组织和国际预防自杀协会在 2014 年联合发布的调查报告（WHO&IASP，2014）显示，全球每年有超过 80 万的人口死于自杀，平均每 40 秒就有一人自杀，而有自杀企图和想法的人超过 2000 万。

02　是什么让他们痛不欲生

我相信大部分选择轻生的人，在做下这个决定的那一刻，都给了自己足够的理由来放弃生命。"绝望"这个词，最能概括他们那一刻的感受。那么，是什么让他们感到如此绝望？让我们来看看轻生者怎么说。

轻生者说："失了业，车贷房贷怎么办？孩子上学怎么办？一切都没了。"这句话背后的潜台词是：我失了业，因为我年纪大，很难找到工作了，没有工作，就没有收入，没钱还房贷，家里人就没地方住，孩子没学上，甚至没饭吃，都是我不好，我拖累了大家——绝望！

轻生者说："和男友交往了几年了，感情那么好，我那么爱他，为什么他要跟我分手！"这句话背后的潜台词是什么？那就是：我作为一个女孩子，年纪大了，也许再也找不到这么好的人了——绝望！

轻生者说："前妻威胁我，如果我不掏出一千万和一套房，她就扬言要揭发我，告我做了违法的事。"潜台词是，只有我掏出一千万和一套房，我才能摆脱前妻的纠缠，才不会被揭发，我才不会被关进监狱，而且，进了监狱，我的一切都毁了——绝望！

我们可能会说，失了业再找工作啊，暂时找不到好的能否先屈就一下自己；与男友分手了，还可以再找，也许能碰到更合适的；被人敲诈，可以报警或者鼓起勇气跟她斗争。

但是，轻生者难道不懂这些道理吗？是什么原因让轻生者绝望至极，让他们拥有从高楼一跃而下的勇气却失去面对现实的勇气？

首先，悲观的习惯性思维模式让这些人更容易陷入绝望。

悲观的习惯性思维模式主要有三种。

- 习惯性自我归因：认为"这一切都是我的错，我辜负了家人，我罪该万死"。
- 管状思维：认为自己眼前只有一条路，没有别的选择，如"我必须不能失业""我必须不能跟他分手""我必须要满足她的要求"等。
- "三无"观念：感觉无能、无助、无望。觉得自己没有能力改变现状，并且认为失败、挫折是长期的、永久的，如"我失了业就没有能力找到其他工作了，也没有人能帮到我，而且这种状况会一直持续下去""我和他分手，永远再也找不到这么爱的人了""我进了监狱，我的一辈子就完了，永远不能翻身了"等。

如果遇到事情习惯性地用这三种思维模式来应对，习惯性地把所有错误归到自己身上，感觉自己别无选择，认为没有能力去改变、困境是永远的，那么必然轻易就会把自己逼到墙角，以至于陷入绝望的境地。

而如果遇到挫折能做到适当的外归因，或者发动所有资源去找更多的解决方法，或者把挫折看成短暂的可以克服的困难，这样，人的心态就是积极的、乐观的，不至于走向绝路。但是，由于性格、原生家庭、成长环境以及知识结构等因素的合并影响，并不是每个人可以做到这么乐观、自信。

其次，轻生者在选择轻生的时候，往往处于心理"应激"状态。

"应激"状态是指出乎意料的紧张情况和对人有切身利害关系的严重

生活事件所引起的人的一系列的情绪状态。这时候情绪可能会高度紧张，交感神经过度兴奋，血液中肾上腺素流量急剧增大，这些生理反应对人的影响是不可忽视的。人们常说的"头脑一热干傻事""一根筋""劝也听不进，拉也拉不住"等很多时候就是这样造成的。

第三，在自杀的人当中，有一部分人正遭受着抑郁症的折磨。

随着大家对心理疾病更加重视，大家对"抑郁症"这个词已经并不陌生。大家逐渐了解到抑郁症是一种心理疾病，不是简单劝一劝、开导一下就能解决的。因为抑郁症除了人们常说的"想不开"、性格和思维方式的原因，还有遗传的因素以及神经内分泌功能失调等身体因素。抑郁症的病因和治疗机理相当复杂，目前还没有明确和唯一的定论。目前医院针对抑郁症患者，大多是采用药物有针对性地来调节神经递质以达到缓解症状的功效，同时辅以心理咨询疏导。

第四，社会支持系统不完善也是促使一些人走向极端的原因之一。

"社会支持（social support）系统"，是 20 世纪 70 年代提出来的心理学专业词汇，即个人在自己的社会关系网络中所能获得的、来自他人的物质和精神上的帮助和支援。

社会支持从性质上可以分为两类：一类为客观的、可见的或实际的支持，包括物质帮助、稳定的关系、不稳定或暂时性地参与某种团体或者社会交际等。另一类是主观的、体验到的情感上的支持，指的是个体在社会中受尊重、被支持、被理解的情感体验和满意程度，与个体的主观感受密切相关。有学者将这两类分别命名为社会支持的可利用度和自我感觉到的社会关系的适合程度，在进行心理学的科学评定时用以评定其的社会支持大小。

社会支持的具体含义包括以下几个方面：（1）它是个体对外界应激反应的回应。（2）它发挥作用的途径是个体与外界互动。（3）它的内容既包括客观物质类的支持，也包括主观体验类的支持。（4）它的目标是使个体重新恢复到和谐的心理状态和优良的生活中。

心理学研究表明，一个人能否从重创中恢复，很大程度上取决于他是否拥有良好的社会支持系统。一个完备的支持系统包括亲人、朋友、同学、同事、邻里、老师、上下级、合作伙伴等，当然，还应当包括由陌生人组成的各种社会服务机构（如律师、心理咨询师、医生等）。每一种系统都承担着不同功能：亲人给我们物质和精神上的帮助，朋友较多承担着情感支持，而同事及合作伙伴则与我们进行业务交流或提供服务支持。

有的人在遇到难题时，总能找到或者愿意去找可以倾诉的对象或者能帮助他渡过难关的支持者，他在平时就积累了相对完善的社会支持系统。相反，也有的人可能执着于自己的专业经验和人生经验，也可能从性格上不喜欢跟很多人打交道因而交际范围非常狭窄，还有可能是不相信别人有能力帮助自己解决问题，当然还有一种可能就是太年轻，还没有来得及丰富自己的社会支持系统……总之，当他遇到问题的时候，主动或被动地处于孤立无援的境地。而孤立无援的状态很容易使人感到绝望。

现代社会，人一生的发展可能会遇到各种各样的挑战，有些挑战用我们个人既有的知识和经验很难解决，事实上，也没有一个人能够做到用自己的专业或经验去解决所有的难题。我们需要具备社会支持的理念，人们生活在这个世界上需要彼此支持，共同发展，在必要的时候，也要懂得求助，这与依赖不是一回事。我们也必须意识到，社会支持具有双重功能，我们的困难需要社会支持来分担，我们的快乐也需要社会支持的分享。

03　面对困境，我们该怎么应对

随着社会的进步和人们生活水平的提高，我们对心理健康越来越重视，连小学生都增加了心理课。但是调查显示，大众对心理工作的接受状况仍然不尽人意。随机采访路人，问到当自己或者身边的人遇到压力、挫折甚至严重到绝望的时候，会怎么做，大多数人会回答找朋友、闺蜜、家人倾诉或者独自承担。而当问到如果找朋友倾诉无效果，最后会选择轻生的话，轻生前会找谁寻求帮助时，答案里几乎没有心理咨询师出现。

而事实是，人们经常觉得家人、朋友无法理解自己的处境，同时由于种种类似于隐私和面子等原因，有些事也不愿意跟家人、朋友分享，这时便不得不选择一个人承担。我们经常把压力形容为一块石头，当习惯性一个人承担的时候，今天抱起了一块石头，还可以前行，明天又抱起了第二块石头，第三块……如果始终找不到释放的途径，这些长年累月积攒下来的压力最终会把自己压垮。

我们设想，如果失业的当事人不是选择把所有的压力都自己一个人扛，而是有机会接触到科学的疏导方法，先释放压抑、痛苦和愤怒的情绪，让心情平复下来；然后冷静分析失业后的生活规划，把一些太重的石头（压力）放下，也许他会多一些留在这个世界上的理由。

那么怎样才算科学的方法呢？当心理医生或者咨询师在对来访者的情绪进行处理的同时，可能需要根据其程度对来访者进行危机干预。吉利兰（B. E. Gilliland）和詹姆斯（R. K. James）提出的危机干预六步骤模型已被广泛用于帮助许多不同类型危机的来访者。简单来说，这六步囊括了从确定问题、保证来访者安全、提供支持、验证可替代的应对方式、制定计划措施到获得承诺一整套完整的流程和方案。

第一，确定问题。

咨询师需要非常迅速地确定引发危机的核心问题是什么。分析必须完全从来访者的角度出发，来确定和理解其所认识的危机问题。不同的人对同一事件的反应会受个性、文化、价值观等因素的影响。也许旁人觉得某些危机境遇并没有那么严重，但是来访者本人可能已经觉得无比绝望。例如，我们站在旁观者的角度，那些精英们长期忍受的压力可能没办法理解，或者完全没有想到会到达这么绝望的程度。但是作为咨询师一定会从来访者的角度去理解、去体会。

第二，保证来访者安全。

在整个危机干预的过程中，当我们评估到来访者有自杀倾向的时候，其安全问题都应该得到自始至终的重视，把保证来访者的安全作为首要目标。首先应帮助来访者尽快脱离灾难现场或创伤情景，尽快脱离危险。评估危机的严重程度，确定需要紧急处理的问题，保证来访者对自身和对他人的生理和心理危险性降低到最小可能性。这时，可能会要求家人、监护人甚至工作单位给予关注和陪伴。

第三，提供支持。

通过与来访者的沟通与交流，给来访者以尽可能全面的、充分的理解和支持，并积极、无条件地接纳来访者。通过沟通与交流，让来访者表达和宣泄自己的情感，给来访者以同情、支持和鼓励。使其感到咨询师是完全可以信任的，也是能够给予其关心和帮助的人。

第四，检验可替代的应对方式。

此时来访者的思维往往处于被抑制状态，很难判断什么是最佳选择，要让来访者认识到有许多变通的应对方式可供选择。让来访者思考变通方式的途径：（1）从外部环境中寻找可以提供支持的资源，引导来访者从身边的亲朋好友、政府职能部门、专业机构和专业人员中去寻找支持和帮助。在关键和危机时刻，这些能在行为或心理上予以支持和陪伴的社会支持系统，比如亲人的关心、陪伴，朋友的帮助往往能发挥意想不到的作用。（2）对内开启心理资源，让来访者试探新的、积极的、建设性的思维方式，可以用来改变来访者对问题的看法并减轻应激与焦虑水平。让来访者认识到，有许多可供变通的应对方式可供选择。

第五，制定计划措施。

与来访者共同制订行动计划来矫正其情绪的失衡状态。帮助来访者做出现实的短期计划。

第六，获得承诺。

要求来访者按照计划自主实施，获得来访者的承诺。

危机干预过程不是万能的，但这是帮助当事人处理迫在眉睫的问题、恢复心理平衡、安全度过危机的非常有效的手段。有一些来访者，一旦安全度过了危机期，可能就会完成自我心理修复和重建。但有一些来访者除了需要早期的危机干预手段之外，可能还面临着长期的心理问题，需要长期跟踪治疗，其中需要特别提出的就是抑郁症患者。对于抑郁症或者更严重的心理疾病患者，我们就需要了解和认识这些心理疾病的临床症状，并使他们及时到医院接受诊断。如果真的被诊断为抑郁症等重型心理疾病，切不可讳疾忌医，需要接受医院的系统治疗。这时，心理咨询可以作为辅助治疗方案同时进行。

逝者已矣，他们曾经的内心挣扎我们无从得知，唯有尊重和惋惜。但我们可以假设，基于媒体披露的信息而言，如果当事人能够跟咨询师一起按照上述危机干预流程先处理应激状态的情绪问题——也许是不甘心、不公平，或者是气愤；分析主要的压力源（确定问题）——是对公司给出的辞退方案不满意，还是家庭经济压力太大？是对未来就业计划焦虑，还是很长时间以来一直承受着各方面的沉重压力而不堪重负？是否有抑郁倾向？等等。然后根据不同类型的问题来提供相对应的心理支持、检验可替代的应对方式、制订相应的计划的话，这些被实践证明行之有效的方法很可能再次挽救宝贵的生命。

我们的社会需要精英，他们大多在某些领域有突出的成就，对社会的进步起着不可忽视的作用。大家倾向于认为精英是无坚不摧的、坚强的、勇敢的，但在这些光环的背后，人们往往又会忽视他们肩膀上承担的更多的压力，以及忽视他们作为一个普通人所具有的柔软的一面，甚至比普通人更脆弱的一面。精英，需要家庭和社会给予更多的关爱和关注，并有一套科学的方法应对心理危机。

咨先生与询小姐说

在发达国家，专业心理咨询机构已经融入人们的生活中，深入到儿童教育、职业咨询、夫妻感情辅导、压力释放、失眠治疗、焦虑恐惧症治疗等多个领域。近年来，随着国家对心理学的日益重视以及心理学界人士的共同努力，心理知识的普及越来越深入，人们寻求心理咨询和就医的主动性越来越强。希望在不远的将来，不管是精英还是普通的百姓，都能科学对待挫折和心理问题，都能远离心理问题的困扰，即使在不完美的现实中也能获得内心的成长，享受五味俱全的生活！

不相信：十年的幸福为何转眼成泡影

陈英丽

> 婚姻中能够长久的幸福一定是双行道，而不是单行道。
>
> 当你傲娇地要幸福、晒幸福的时候，也许根本顾及不到对方幽怨的眼神。
>
> 当幸福的真相被揭穿，他已决定离你而去，头也不回。

常言道：幸福如人饮水，冷暖自知。也有人说：你的幸福，不在别人眼里，而在自己心里。

这大概看重的是个人的感觉，不必在乎别人的看法。然而现实生活告诉我们，幸福不仅仅是一种个人感觉，还是一个社会属性很强的词汇，与别人有着密切的关系，必要时还真需要听听别人的看法，才能明白幸福的真相。

如果一直以来都只看重自己的个人感觉，会怎么样呢？

01　故事一：总是索要"爱的证明"，最后不再被爱

在任何一段亲密关系中，男人和女人都需要一些"爱的证明"，以满足安全感、存在感和价值感。比如，有空时接对方下班，就是一种"爱的证明"。但如果对"爱的证明"索取过多，甚至于要求任何一件事的处理

都要体现"爱"，那么时间久了，经常被索取的那一方，一定会透支爱心，产生疲倦感。疲倦感又会滋生逃避心理，双方关系就会出现危机，而危机如果不能被及时发觉和化解，还可能演变为暴风雨。

Linda 来到心理咨询室的时候，有气无力，脸色苍白，整个人瘫坐在沙发上。她的丈夫已经好久不回家过夜了，偶尔回家一次，也拒绝跟她亲密。顶多是看看孩子，跟老父母聊几句，就坚持离开，任凭 Linda 哭骂挽留，头也不回。在她的印象中，丈夫过去对她几乎言听计从、有求必应，她对于自己的家庭一直很满意，经常向身边的朋友讲述自己的幸福。Linda 不明白也不相信，幸福了 10 年的两个人，会突然间变得势如仇敌。

我让她举例说明丈夫曾经对她的爱和体贴，她提到很多件事，其中有两件是这样的：一是家里的钱全归她管，丈夫每月有 300 元的零花钱；二是她的鞋带经常由丈夫来系。

我又让她回忆一下丈夫转变态度之前发生了什么跟平时不一样的事。她想了很久说，两个月前他们两口子跟丈夫的同事们一起外出旅游，天气炎热，在爬山途中经过一家冷饮店的时候，丈夫准备进店买几只冰淇淋给大家。Linda 说"你还有钱吗？就你那 300 元钱估计早花完了吧"，Linda 说这句话的时候，完全是无心的。没想到丈夫有两位同事听到之后互相对视了一眼，然后窃窃私语和偷笑起来。看在眼里的丈夫的脸色顿时很不好看。之后在下山的路上，Linda 的运动鞋带松开了，同行的人提醒 Linda 赶紧系上吧。Linda 觉得这是秀恩爱的好时机，于是示意丈夫来给自己系鞋带。没想到丈夫并没有理睬。这使她很生气，于是赌气走得很快，任由长长的鞋带随着脚步甩来甩去。同行的人都不再说话了，气氛很尴尬。最后，丈夫无奈，蹲下来替她把鞋带系上了。

我问她如何看待上下山过程中丈夫两次"不配合"的表现，她想了一会儿说丈夫可能是觉得没有面子。但是她认为很多家庭都是把钱交给女方管理的，她那么说也没有什么不妥。关于系鞋带，她认为，没什么大不了的，男人为自己的女人做一些力所能及的小事，是恩爱的体现，"让别人都知道我们很恩爱，这不是好事吗？"

在 Linda 看来，无论是让妻子掌管家庭财政这样的大事或是给妻子系鞋带这样的小事，都是丈夫应该做的，是爱妻子的"证明"，没必要因此而翻脸。

说实话，心理学不是用来判断是与非的，我们很难简单地评判给男人一个月 300 元零花钱以及让男人给女人在大庭广众之下系鞋带是否正确。与"正确性"相比，我们更多地关注"合适性"。也许 Linda 的丈夫有99% 的时候认为给予妻子"爱的证明"是合适的，但是如果有 1% 的时候他由于各种原因认为不合适而不愿意给了，可以还是不可以呢？这是一个值得思考的问题。

围绕着这个问题，Linda 回忆起两年前丈夫就多次流露出不满的情绪，只是她有意或无意地选择了忽略和无视而已。其实暴风雨来临之前，怎么可能没有任何信号呢？她遗憾没有早日发现潜藏在婚姻中的问题，以至于今天发生如此严重的婚姻危机。

02 故事二：我想给你富足的幸福，却最终失去了你

身处在这个压力重重的时代，我们有很多理由停不下奋斗的脚步。仿佛稍不上进就会落后于人，仿佛落后于人才是自己最不能接受的。直到有一天，你要离开……

Allan 是一家外企的高管，妻子是一家民营企业的普通职员。两人因为互相爱慕而结合，婚后一度很幸福。但是几年后，妻子却向 Allan 提出了离婚，而且她坦言自己找到了新的人生伴侣，宁愿净身出户！Allan 对此大为不解，觉得自己一直以来努力工作改善家境，从买一套房子到两套房子、再到三套房子，他们的家庭条件在朋友圈里已经算很不错了；工作之余他还主动承担一部分家务，连孩子的功课也是自己辅导的。男人做到这个份上，女人应该感到很幸福了，为何反而找了别人呢？

我问 Allan：在妻子提出离婚之前，你觉得她对你们的生活有什么不满意的地方吗？

他想了想说：可能是我说她不上进，乱花钱，她不高兴吧。

经常这么说她吗？

……是的。

每次她都不高兴吗？

……是的。

虽然她会不高兴，你还是有机会就这么数落她，是吗？

……是的。

虽然这样的提问方式，也许会让人感到不自在，但适度的"面质"在心理咨询工作中是需要的。面质（confrontation）是心理咨询常用的方法之一，又称质疑、对立（性）、对质、对峙、对抗、正视现实等，是指咨询师指出来访者身上存在的矛盾，目的不在于向来访者说明他做错了什么，而是协助来访者认识自己，正视自己的问题，促进问题的解决。

Allan 觉得自己做到了符合当今社会主流价值观的"正确"的事情，挣了不少钱、累积了可观的财富，也分担了一部分家务，所谓幸福不过如是。相比之下，另一方挣钱少还不知道勤俭节约，身为女人也没有完全做好家务或者带好孩子，十足一个应该"被教育"和"被数落"的对象。

然而，在他做那些"正确"的事情的时候，从某个节点开始，夫妻两人的价值观悄悄地出现了分歧，而且渐离渐远。她觉得有两套房子就知足了，没有必要再买第三套。她希望经济上不要太紧张，可以隔三岔五去饭店品尝新鲜的菜式，可以没有负担地买换季的新款衣服，可以每年添一件像样的首饰，可以一家人定期出去自由自在地旅个游。她骨子里有一种牧马放歌、人生喜悦的洒脱情怀，那是他曾经深深为之迷恋的地方，而今却被他经常数落为：不上进和乱花钱。甚至他毫不吝啬地多次使用"一无是处"来形容她。

她在"经常性"的义正词严的数落中，已经千疮百孔，逐渐死了那条跟他在一起的心。而他对此几乎什么都不知道。这就是问题所在。

03　越熟悉的越容易被忽视

一个常见的心理现象是：越熟悉的越容易被忽视。它表现在以下几个方面：

第一，对于熟悉的人，我们觉得已经很了解他，往往会在相处中忽略一些细节，而这些细节可能是很重要的。

第二，既往的良好关系带来了安全感，我们在对待熟悉的人时，即使注意到了一些细节，我们也不会重视，觉得不会有什么问题。

第三，选择性关注：既往的相处模式和价值观限定了我们的思维，我们习惯性地只关注我们认为重要的部分，有意或无意地忽略或忽视其他部分。

第四，相反，我们对于陌生人的一言一行却很在意，甚至会认真琢磨其背后的含义。

所谓心理现象，往往具有普遍的意义，也就是说，大部分人都容易按这个套路出牌。

上面两个故事中的主人公亦如是。

故事一中，当妻子一次又一次地索要并炫耀"爱的证明"时，根本顾及不到丈夫可能带着幽怨的眼神，更不会想到那眼神背后可能藏着无奈、厌烦以及受伤的自尊；即使丈夫有时候会反抗，她觉得那些都是丈夫应该做的事，仍然心安理得地去索取；虽然有时候也想到可能会让丈夫没面子，她会告诉自己"那又怎样呢？这应该不是什么问题"。

故事二中，当丈夫一次又一次地数落和贬低妻子的时候，也同样忽视了语言对她带来的伤害和影响，以及她逐渐暗淡的眼神。即使偶尔也觉察到了，但他的价值观使他觉得数落她是"合理的、应该的"，于是选择性地忽视了她的感受。而且也不觉得这会有什么大的后果。

04 婚姻，其实也是一个需要定期检查的东西

生活中有很多常见的心理现象，说起来并不难理解，但是不经别人提醒，我们还真意识不到。

我们以为自己能掌控一切，包括幸福。直到有一天他已决心离开，才发现自己忽略了太多。

那些被有意或无意所忽视的细节，日积月累，从量变到质变，最终摧毁了我们曾经以为牢不可破的关系。

为什么没有早点发现呢？当严重的后果出现时，我们悔不当初。好像如果时间能够倒流，就一定能够及时发现一样。

事实上，由于思维的惯性和局限性，大部分人很难积极主动地跳出心理现象的陷阱。

所以，在婚姻中想要长久的幸福，借助外部力量进行定期检查也是很有必要的。

这一年来，我们吵了多少次架？为何而吵？

这一年来，我们交流得多吗？无论是身体上的还是心灵上的。

这一年来，我们各自最想要的是什么呢？

这一年来，我在哪些方面被压抑了？他（她）呢？

……

如果以上这些点你都没有意识到，那么你的幸福很可能只是单行道。你的伴侣要么走在你的前面，要么落在你的后面，而不是与你并肩同行。

婚姻，其实也是一个需要年检的东西，如果你想长期愉快地享受它的话。

05　OLSON 婚姻质量量表

要解决婚姻的危机，先要找到婚姻的问题。对于婚姻中的人来说，除了夫妻坦诚相待、互诉衷肠之外，定期到专业机构做一份婚姻质量量表，对婚姻做一个多维度的"检查"，得到科学的解释和指导，也是一个快捷而有效的方法。

1981 年美国明尼苏达大学戴维·H. 奥尔松（David H. Olson）教授编制的 OLSON 婚姻质量量表，被翻译成多国语言并广泛应用于婚姻状态评估中。该问卷从过分理想化、婚姻满意度、性格相融性、夫妻交流、解决冲突的方式、经济安排、业余活动、性生活、子女和婚姻、与亲友的关系、角色平等性及信仰一致性等 12 个方面来综合评估当事人的婚姻状态，帮助人们找出婚姻中可能存在和需要解决的问题，从而为提高婚姻质量、预防婚姻危机提供了比较全面的参考依据。

很多人单方面、凭感觉地认为婚姻质量好或者不好，但是做过这个量表之后才发现，真实的情况并不完全是自己想象的那样。还有的时候夫妻双方共同做这个量表，会得出两种差异很大的结果，说明双方对于婚姻的态度和感受是不同的，这往往是一些婚姻问题的前奏或者现实写照。

Linda 曾经以为她得到了想要的恩爱，觉得自己的婚姻很幸福。做了婚姻质量量表以后才发现，自己过分理想化的倾向很严重，而且解决冲突的方式就是逃避实质问题或者视而不见，对男女角色平等性的理解也有偏差。

Allan 曾经以为自己尽到了做男人应有的责任，那么婚姻就应该是幸福的。做了婚姻质量量表以后才发现，他们夫妻二人的性格相融在结婚以后就渐渐地被忽视了，从恋爱时的互相欣赏变成了互相看不顺眼，尤其是近年来他对妻子的责怪几乎天天都在上演；在经济安排方面他也总认为自己为未来做打算是绝对正确的，认为妻子只顾当下的享乐是目光短浅的……

生活中，我们需要一个有效的工具，帮助我们突破对现实的狭隘理解，并获得全面而准确的信息，这样我们才能做出理性的判断，找到前行的方向。

06　你也许需要一位客观中立的心理咨询师

当我们遇到难题需要求助的时候，第一时间想到的肯定是身边的亲朋好友。他们与你相熟，联系起来也方便。但你会发现，不是所有问题都适合跟他们谈。

有时候是因为你担心他们不能保护你的隐私；有时候是你觉得他们的立场太偏颇，无法调节已经陷入僵局的夫妻关系；还有的时候你觉得他们的观点并不一定比你高明，等等。于是很多时候，你虽然知道自己需要寻求外部帮助，却宁愿选择闭口不谈，任由情况进一步恶化。

那么，什么样的人才适合跟你谈一谈那些心灵深处的烦恼和秘密呢？你一定希望：

- 他会耐心听你诉说；
- 他客观中立、不带评判地分析问题；
- 你可以在他面前没有负担地暴露自己的脆弱，释放长期被压抑的情绪；
- 他会为你保守秘密；
- 他能够帮助你澄清问题、解释问题、预测后果、控制不理性的行为；
- 他不会自以为是地把观点强加于你，而是跟你一起讨论什么才是你最想要的，然后陪伴你、鼓励你找到最合适的应对方案。

一位合格的心理咨询师，在很大程度上会具备这些要素，这是基本的职业素养。你只需要有一个愿意定期接受检查的心态，并相信专业的力量。

在发达国家，中产家庭中的夫妻两人定期去跟心理咨询师谈一谈，是很常见的事情，不一定需要发生天大的事情才会去。在他们看来，心理咨询是富有的象征，因为心理咨询价格不菲；也是"善良"的象征，心灵的畅通能让自己和身边的人少受一点苦。

在中国，大众对于心理咨询和心理治疗的理解曾经长期停留在"误解"的状态，要么认为心理咨询是神秘莫测的、类似看相算命的，要么认为接受心理咨询和治疗的人都有"精神病"，因此提到这个词就讳莫如深，更别提去接受了。

但近年来，随着社会经济的发展和各种压力的增多，对于心理学和心理服务的需求正在逐渐增多。从国家部委到地方政府，从专业协会到企事业单位（机构），都在从不同的层面推动心理学知识的普及和心理服务行业的发展。老百姓对于心理学也有了越来越全面的了解。像 Linda 和 Allan 这样，遇到婚姻危机等难题，自己无法解决转而借助心理咨询的人，也越来越多了。

很多难题之所以难，是因为我们总是用过去的思维看待它。并不是没有解决的办法，而是我们自以为已经用尽了所有的办法。

当然，心理咨询并不能保证婚姻的长度，也不会去干涉当事人做出自己的选择，但至少可以帮助人们清晰和全面地认识婚姻的真实状态，及时做出必要的调整，避免夫妻两人成为"熟悉的陌生人"或者"一个屋檐下的仇人"。

咨先生与询小姐说

在心理咨询过程中，Allan 逐渐发现自己是那么在乎妻子，他无法接受她的离开，为此痛苦不堪也特别渴望有机会重新获得妻子的爱。他终于明白，与"正确"相比，"她在"才是最重要的。Linda 也终于明白，与秀恩爱相比，婚姻质量的内容还有很多方面，这也是她在今后的人生道路上需要用心编织的。

Linda 和 Allan 的故事，还没有结束。过往无法改变，好在还有当下可以把握。他们虽然面临婚姻的危机，但却是值得欣赏和祝福的：他们有勇气面对现状，有勇气正视自身存在的问题，也有勇气重新出发。

焦虑的儿媳：婆婆来带娃，公公出轨了

陈英丽

> 被边缘化和被遗忘的老年性需求，
>
> 使老年人的晚年生活倍感困惑和尴尬，
>
> 也使年轻人感到焦虑和愤怒。

我们对待一个事物最苛刻的方式，并不是在话语上反对它，而是完全不把它纳入到话语的范围中。因为即便是那些被话语反对的事物，仍然是我们承认的一个存在的主体。而当一件事情完全不被谈论时，它被边缘化，最终被遗忘。

——法国哲学家　福柯

不得不承认，当今社会对老年人的关注度是不够高的。老年人的性需求，更是很少有人提及。但是不提及，不代表不存在，它可能会以家庭问题或者社会问题的形式"发声"。

01　吴女士的家事：在老家独居的公公出轨了

吴女士来到心理咨询室，诉说最近的烦心事。婆婆从老家来帮他们小夫妻带孩子已经 3 年多了，公公则是偶尔来小住。吴女士两口子都是工薪阶层，家里住房面积不大，加上公公有慢性胃病不适应外地的生活，因此，每年也就中秋节和春节两次，老两口能够团圆，一般十天半个月光景，公公就又独自回老家了。最近吴女士听老家的亲戚反映，说其公公可能出轨了，跟某位老阿姨出入成双，多次被亲戚邻居看到。吴女士一听，第一感觉是着急，第二感觉是气愤，接着就是担心。着急的是自己家里出这样的"丑事"，怕被别人说三道四；气愤的是公公一大把年纪了，怎么能干这种事呢；担心的是，如果婆婆知道了，会不会伤心难过影响身体、会不会心情不好影响带孩子。吴女士焦急地跟先生讲了这件事，希望他打电话劝说公公"有则改之，无则加勉"。没想到"木讷"的先生不愿意轻易对此采取行动，也不愿意多发表意见。这让吴女士非常焦虑，几天来都睡不好觉，脑子里从早到晚地想着这件"闹心"的事，连吃饭都没有了胃口。

02　被遗忘的角落：老年人的性需求仍然存在

在交谈中得知，吴女士的公公今年 66 岁，婆婆 62 岁，是大部分人口中常说的"老年人"。老两口结婚几十年来，虽然偶尔会有争吵，但整体上感情还算不错。公公有慢性胃病，婆婆经常打电话给予关照和叮嘱；公公每次来都会给婆婆带她爱吃的家乡腌菜。她觉得，公公在这样的岁数，于情于理，都不应该出轨。而且"这么大年纪了还想那事，多丢人哪"，她如是说。

很多人和吴女士一样，对于老年人的性需求和性生活存在一些误解和偏见。

- 认为老年人已经丧失了性能力和性需求，无法享受性生活；
- 受传统观念和社会舆论影响，认为"老年人不应有性生活"，把老年人的性活动看成是"不正经的""羞耻的"，甚至是"下流的"；
- 过分相信"无欲则长寿""纵欲伤身"之说。由于疾病造成心理负担过重，认为性生活会加重病情，从而对老年性生活产生恐惧和排斥；

- 认为老年人的性爱无足轻重，与婚姻满意度和幸福感无关。

其实，这种认识是不符合科学常识的。许多研究成果，包括大量临床和实验室的研究表明，健康的老年人普遍存在性欲，并能进行性生活，有的还能繁衍后代。因此，性生理机能在老年期也依然存在，它是老年人生活中的重要组成部分。从 60 岁到 80 岁，人们都有可能拥有性生活。事实上，影响人们是否能够拥有或享受性生活的关键因素，是健康而不是年龄。年龄只是改变了性的频率和表达方式而已。在性和性行为的方面，并不存在年龄的限制。研究还发现，50 岁至 80 岁的人中，对性和亲密关系仍然抱有热情的并不在少数。

另外，老年人正常的性生活还有一些积极的作用和意义。老年人的性生活可以增加老年夫妻的生命活力，促进精神愉快和思维敏捷，促进血液循环和扩张动脉血管，预防老年性高血压和抵抗抑郁症；性生活也能给老年夫妻带来精神上的幸福感。

03 不容忽视：老年人性压抑容易带来的问题

在现实生活中，有不少家庭矛盾和社会问题都或多或少地跟老年人的性压抑有关。

从家庭角度来看，老年人在性方面的不满一般都不以直接的形式表现出来，而是通过不大不小的家庭矛盾、时不时的躯体不适、莫名其妙的希望"早死"等讯息有意无意地表达出来。

首先，父母与子女之间的矛盾。例如对子女的生活进行过分的干涉，责怪儿子宠爱儿媳而冷落老人等。也有人认为，老年人潜意识中会通过眷恋子女的亲子之爱，而寻求性欲的替代满足。其次，老年夫妻之间，也存在因性的不满意而造成的矛盾。例如，性欲和性配合不一致，婚内出轨或怀疑对方感情不专所引起的争吵等。由于双方对立冲突的缓冲器——子女都已长大独立，更容易产生激烈的冲突。再者，一些身心疾病如抑郁、心境低落、慢性头痛等，也可能源于性的不满足。

当然，并不是所有的家庭矛盾和疾病全都跟性压抑有关系，只是不能忽略有这样一些因素存在。

从社会角度来看，近年来，关于老年人嫖娼、老年人出轨引发的社会事件经常见于媒体报道中。一些卖淫团伙和不法经营的娱乐场所，客户群体定位就是老年人。一般来讲，老年期是指从 60 岁或 65 岁起到生命结束为止的时期，这是生理发展和心理发展明显老化和衰退的时期。随着社会生活水平的提高，人们的寿命会不同程度地延长，性生理和性心理的衰退也会相应地推迟。老年人的性需求，是无法回避的，并不会因为压抑就消失。如果不能得到正常的满足，便很可能以不妥当的方式来实现，比如嫖娼和出轨。

吴女士家出现的情况，表面上看只是公公那边出现了问题，但是婆婆这边是否也感受到了压抑呢？吴女士在咨询师的提醒下回忆起来，性格柔和的婆婆每隔一段时间就会出现明显的心情低落和郁郁寡欢，哪怕儿子儿媳并没有为难她或者责怪她；有时候说自己头痛或者腰痛，但是让她就医或者吃药时，又推说没必要……

04　积极面对：老年人出轨的动因

如果说老年人正常的性需求是客观存在的、应给予理解的，那么吴女士的公公"婚内出轨"这种在道德上不妥当、不被人肯定的行为，我们应该怎么看待呢？

在交流了以上内容的基础上，我请吴女士发表对这一问题的看法。吴女士的领悟力很强，她提到了公公出轨的两个动因。

一是 60 多岁的老人也存在包括性需求在内的情感需求。老年人的情感需求，除了性方面以外，精神上的陪伴也是他们所渴望的，俗话说，"少年夫妻老来伴"，当"老来伴"没办法在身边，对他们而言也是一种"情感剥夺"。

二是长期独居在老家，缺乏生活上的照顾，渴望有人在身边嘘寒问暖。慢性胃病需要饮食方面的悉心调理，而对于老伴长期不在身边的公公来讲，大部分时间的饮食都只能是凑合了事。他的生活中一定存在诸多不为儿女所知的不易和辛苦。出轨可能是他减轻生活压力、改善生活品质的一种方式。

当然，吴女士也认为，毕竟婆婆还健在，家里还有老少三代人，公公这种出轨的行为虽然可以进行合理的解释，但毕竟会给家人带来伤害和不安，影响家庭的和谐幸福。还是要想办法尽快解决的。

05　开明子女的选择：担起自己的生活，让公婆团圆

年轻人倾向于把父母永远钉在"父母"的位子上，而不是把他们看作同自己一样的人，有着一样的情感需求。然而这样并不能避免家庭矛盾的发生。

回到家中，吴女士和老公对家里的事进行了梳理和再认识：站在小辈的角度，虽然仍会担心这件事对家庭和谐的影响，但他们不再让愤怒和焦虑完全支配自己的思想和选择，而是开始反思因为自己需要老人帮忙带孩子，使得老夫妻两人被迫分居两地，彼此失去了生活上的依靠。儿女虽然能保障父母物质上的满足，却无法也无暇顾及他们情感上的需求。在发生这件事之前，他们对老年人的生活需求的理解显然是片面的。他们决定让婆婆回到老家去，让老两口团圆，以后还可以周期性地往来于老家和儿子儿媳家。

可如此一来，他们就会面临一个现实的困难：如果婆婆回去了，孩子怎么办呢？

小两口平时要上班，孩子刚上幼儿园需要接送。这对于习惯了老人帮忙的他们来说，是个很大的挑战。想到早上至少要比以往早起一个小时来

照顾孩子起床并送到学校，下了班还要急急忙忙赶到学校接孩子，思想上难免有些压力。但为了整个家庭的和睦和完整，他们还是做出了艰难的选择。

就像刚上幼儿园的孩子会产生分离焦虑而大哭大闹一样，吴女士夫妻虽然已经成年，但对于老人在生活上的照顾，尤其是帮忙带孩子这些便利，也存在类似的"分离焦虑"。他们会有恐惧和担心，害怕两个人搞不定每日的柴米油盐，担心出差或者加班时不能按时接送孩子，担忧以后无法像以前那样无忧无虑地跟朋友聚会游玩，等等。

反过来讲，孩子总归会适应新的学校环境，完成人生中第一个社会化的发展任务。成年的吴女士夫妻，也早晚需要脱离对老人的高度依赖，担起属于自己的生活。

咨先生与询小姐说

看，来到心理咨询室的人们，很多时候他们的心里并不缺少答案，只是缺乏对事情的全面了解和科学解释而已。心理咨询工作的很多内容，其实跟大家的日常生活息息相关，并不一定都是非常特殊和极端的案例。

当然，吴女士家遇到的只是因老年性心理而产生的众多问题之一，他们的解决方法或许并不是唯一的方式。在对老年人的心理特征多一些了解的基础上，每个家庭可以根据具体情况摸索出合适的应对方式。

另外，虽然从整体来看，老年人的性需求依然存在，但本文并非刻意引导老年人必须要进行性生活。跟年轻人一样，是否选择性生活，以及性生活的频率和方式，是每个人自由的选择和权利，同时也要考虑自身的健康情况。适合自己的才是最好的生活。

勤奋的外来务工妹子：我的大脑 26 岁才开始发育

晓芙

> 有一种力量，可以时刻让我们得到滋养和支持。它来自于本能的情感和原始的爱意，存在于我们的内心深处，它不因任何外界的干扰而改变，它是温暖的光，始终给我们以力量，让我们从容地确认自己的位置或重新调整方向，不管是在身处逆境还是在一路高歌猛进之时。这是来自于我们最初养育人的爱以及这份爱在我们内心形成的安全感。

　　S 市是如此庞大繁杂，它承载着形形色色的种族和群体，上至国内国外首屈一指的权贵商贾，下至街头游荡的流浪汉和乞丐，在此之间，不同阶层也各就其位，共同谱写这个城市每天的喜怒哀乐。身为这个城市中的一员，咨询师每天面对不同的来访者，而这一类来访者中并不多的是——外来务工人员。他们散落在城市的各个角落，街边商店，快餐点，大型商场，工厂，等等，每天辛苦劳作，朝向自己的目标，同时也为这个城市的发展献出一分力量。

01　小 Y 说：我有很多困惑，不知道怎么办

　　今年 26 岁的小 Y，是一位外来务工妹子，在郊区一家大型工厂流水线上上班。她一周前电话中和咨询师约好，趁着到市区上夜校的机会，会过来和咨询师说说自己的苦闷心情。

　　小 Y 看起来白皙清秀，尽管脸上和额头上隐约有一些痘痘和痘痕。

她跟其他普通外来务工人员一样，学历不高，没有专长，挣着为数不多的工资。同时，她也有与其他人不一样的地方：勤奋好学，立志成为她心目中的"白领"。为此，她工作之余，刻苦学习和充电，努力程度可以用"拼命"来形容。

总结起来，她现在有 3 个困惑。

第一，总是感到着急和烦恼，担心不能实现自己的理想。为此半夜都能爬起来看书（成人高等教育）。但是效率不高，使得自己很上火，经常睡不着。

第二，跟同事的关系紧张。她是生产线领班，自己工作踏实勤奋，凡事积极主动，也希望其他同事跟她一样。不但要求保质保量，还要求提前完成，然后为下一项工作做准备。但同事希望根据公司进度完成即可，经常不服从她的安排或者阳奉阴违，休息时间也刻意疏远她。其实她是一个热心肠的人，同事只要有困难，都会主动帮忙，她非常渴望能有一个良好的人际关系，为此甚至刻意去买一些好吃的好玩的跟大家分享，但是结果并不好。她不明白为何同事们不能理解她。

第三，担心配不上自己的男朋友。对方是大学生，于是她业余报考了成人高等教育以及一些成人绘画班等，想提高自己的学历水平和文化修养，内心非常害怕失去。

她自称常年长痘痘，并且在讲述当中语速很快，给咨询师一种容易焦虑的感觉。但是自知力完好，改善意愿很强。在第一次咨询中，她的倾诉欲非常强，咨询师主要是在听，并未能说上几句话，而小 Y 在临走的时候真诚地对咨询师说，能对着懂她在讲什么的咨询师，把乱糟糟的事情全倒出来，虽然还没能继续讨论，但感觉上轻松多了。

02　正确认识和对待焦虑情绪

第二次见面的时候，咨询师和小 Y 重点讨论了她的焦虑感及其具体表现。

通常，个体的过度焦虑感来自于对由内在和外在形成的压力无法有效处理而导致的情绪积压。根据美国哈佛大学心理学家罗伯特·耶基斯（Robert Yerkes）和约翰·多德森（John Dodson）（1908）的观点，适度焦虑可能会带来好处，即保持一定的"警醒度"可以提升表现，提高自身做事效率，保证良好的发挥状态；过度焦虑则会造成负面影响，包括生理上和精神上。

就小 Y 而言，焦虑主要具体体现在如下方面。

在生理上：常年长痘痘，失眠；

在心理上：呈现出着急和烦恼，紧张，担心。

咨询师对小 Y 解释，人的身心是一体的，它们之间相互影响，不良情绪得不到释放，长时间积压会导致内在生理功能的失调，外化在躯体上，因此她会常年长痘痘；心理压力过重会导致自发的身体和精神紧张而失眠。如果长时间失眠，对人的影响更大：白天困倦，工作和学习中记忆力、注意力、反应的灵活性、计划功能等都会下降。只是小 Y 的失眠情况还好，所以咨询师建议她对此要足够重视。

那么，如何缓解这种焦虑的感觉呢？有很多方法，咨询师推荐一种方法——和自己的焦虑感和平共处，即利用"条件"创造空间，观照自己的情绪，而不做评判，任由情绪来去。

这里讲的"条件"可以是腹式呼吸，也可以是其他对自己有效的放松方式。

咨询师指导和带领小 Y 练习腹式呼吸，并要求小 Y 在每次焦虑感来临的时候就练习和它和平共处，这样，她的心理肌肉才能一天天变强，焦虑感会随之一天天下降。

03 "讨好型"应对模式

越来越多的研究证明，焦虑不像恐惧、悲伤、愤怒等情绪状态那么单一，它是综合性的情绪，与性格、环境、家庭等因素关系密切。它就像一棵大树，我们能够看到它长在地面上，但是我们往往对其下面的错综复杂的根系并不清楚。要改变对焦虑的深刻认知和态度，我们必须要了解引起焦虑的深层原因，如此，方能摆脱痛苦。

在接下来的谈话中，咨询师了解到小Y的童年生活状况。小Y 9岁那年，母亲重病卧床不起。父亲忙于生计，不得已让她辍学料理家务和照顾母亲。在别的孩子还在享受父母疼爱和照顾的年龄，她就不得不扮演小大人的角色：洗衣、做饭、干农活、为母亲擦洗身子……几年后母亲病好了一些，她可以继续上学了，但是毕竟落下了很多学习功课，只得从以前的年级继续读，她比同班的同学年龄都大，因此背负着很大的心理压力，她暗暗告诉自己一定要争分夺秒地学习，不让人笑话。从那时起，她就日复一日地带着紧张感。后来考上了中专，她也是边学习边打工，更不会虚度一寸光阴。

在第一次咨询的时候，咨询师就好奇小Y为什么会有一股非常不同于身边同事的、强大的紧迫感，听了她以上部分的叙述，终于明白了：童年时期持续的巨大压力导致的紧张感一直延续至今。

然而，现在小Y已经长大了，这种紧张／紧迫感为什么会一直延续呢？

这是源于她内在相对固定的"讨好型"应对模式！

美国家庭治疗师维吉尼亚·萨提亚（Virginia Satir）认为，人们在日常交往和沟通的过程中，特别是在应对压力的情况下，通常会采用4种不当的应对模式：讨好（placating）、指责（blaming）、超理智（super-reasonable）和打岔（irrelevant）。

人，对外部世界的反应和变化，通常有自己固有的内在应对模式，而这个内在应对模式往往来源于小时候各种各样的应对经验。随着时间的推移，这个模式逐渐形成，而且越来越稳定，如果没有特别的事情发生和触动或者经过专业的解释和引导，一般不会自然而然地改变。

那么，小Y的"讨好型"应对模式是怎样形成的呢？

年幼的我们非常弱小，需要父母无条件的关爱才能生存下来，这也就造成了我们对父母非常依赖，这种关爱和依赖给我们内心非常大的安全感，这种最原始的安全感是我们正常地在这个社会上生存所必需的。而小Y在9岁的时候就由于特殊原因，不但丧失了来自家庭的安全感，而且还要去挣扎着让自己强大起来去呵护别人；而同时，她又必须维持自己内在的安全感才能让自己足够强大，那安全感从哪里来呢？她要好好地照顾和讨好爸爸妈妈，让他们如意开心，让这个家庭尽量看起来正常温馨一点，她才会有最基本的安全感！由此可见，小Y得用自己的"讨好"才能换来她最需要的最基本的安全感。同时，由此也可看出小Y从父母处所得到的无条件的爱和安全感明显不足。这也是一个需要探讨的内容，遗憾的是，在这个案例中，由于小Y之后的工作调整对时间安排的影响，一直没有被提上日程。

从最开始讨好父母，到后来重新上学，为了得到同学和老师的认可，用成绩讨好他们……逐渐形成固定的"讨好型"应对模式。

我们可以看到，不管是在小Y年幼还是在后来上学的时候，这些"讨好"行为都为当时情境下的她带来莫大的"益处"：家庭的安全感和别人的认可，让她得以一路走过来；然而，随着外界客观环境和自身条件的变化，这个业已形成的"讨好"模式不但不能为她带来好处，相反，已经严重影响和妨碍着她的方方面面。

咨询师接着分析了小Y之前提到的3个困惑。

第一，格外着急实现理想。咨询师问过小Y实现理想对她最终意味着什么，她说，可以当"白领"，让父母脸上有光，赚更多钱。父母脸上有光会怎样？会开心，会对自己更好——讨好父母。

第二，和同事的关系。咨询师一度提醒她说，作为小组领导，你可以有自己的管理特色，即便组员不同意也可以慢慢调整，不必刻意强求一定要和组员打成一片，做到"姐妹情深"。小Y说她做不到，她需要和她们维持和睦的关系，否则自己内心首先过不去，压力太大——讨好同事。

第三，和男朋友的关系。总是担心自己配不上大学生男朋友，在有限的时间里抽出时间去提升学历和艺术修养，体力和精神上都压力很大——

讨好男朋友。

听完分析，小 Y 自己也笑了起来，看起来她是理解了这个模式并意识到其对自己现实生活方方面面的影响了。

最后，咨询师对小 Y 说：小时候，那个"讨好"的模式会让你受益，带来你所需要的安全感。但是，现在你长大了，事实证明你有能力也有力量做真实的自己，比如读书和工作都很优秀，爱你的男朋友也很优秀，这个"讨好"模式已经不再适用了，非但如此，还给你造成极大的妨碍，所以需要打破这个模式，在和别人的交往中去坚持自己，展现真正的自己。

小 Y 点点头。

04　怎样改变"讨好型"应对模式

看得出，小 Y 非常想改变现有不合适的应对模式，所以当她问咨询师"怎么改变"的时候，眼神显得格外热切。

美国心理治疗大师维吉尼亚·萨提亚认为，如果一个人没有发展出稳定的、肯定的自我价值感，他就会容易怀疑自身的价值，容易通过他人的行为和反应来定义自己。所以说，如果要改变"讨好"模式，首先就需要提升自己的内在的自我价值感，而提高价值感，则需要在日常沟通中逐渐去使用"一致性"表达和回应，即我尊重自己的想法和内在的感受，表达出来的内容是我想表达的意思，是一种对自己的真实。根据小 Y 的具体情况，咨询师和小 Y 进行了具体的讨论，包括在什么情况下可以做什么样"一致性"的表达，并进行了针对性的练习。小 Y 感叹"这样讲对我真是不容易"。是啊，做这样的改变对大部分人都不容易，但咨询师看得出小 Y 想要改变的强烈意愿和为之做出的努力。

之前说过，应对模式一经形成便相对比较固定，所以如果想要改变，得有个循序渐进的过程，在这个过程中，需要极大的耐心。因此，咨询师和小 Y 还讨论了以下可能会加速这个过程的注意点。

- 确认真实的自我。在和别人的交往中"看见"自己的需求，并尊重自己的需求。

- 当在确认自我价值和需求的过程中，遇到不适感，要意识到这是正常的，并接受这种不适感。

- 当自己有时自动启动旧的模式时，不苛责自己并告诉自己：我正在改变，偶尔的倒退也是正常的。

- 可以经常想象采用更真实、更自然的应对模式后将会给自己带来的自由和踏实感，以此鼓励自己。

咨询师相信，当小 Y 逐渐可以用"一致性"面对身边的一切，不用那么费力地去讨好别人，她会逐渐意识到自己本身就是有价值的，她的价值不需要别人的表面确认和评判。从而，她会把重心始终放在自己身上的时候，她就会变得坦然，渐渐脱离强烈的焦虑感，进而轻松下来，会有更成熟的心态，更务实和更有弹性地面对周围的事情。

最后一次咨询的时候，小 Y 说，身边的人经常会说她聪明机灵，没想到自己大脑 26 岁才真正开始发育啊，让咨询师忍不住大笑起来。

她的确是一个聪明而又富有幽默感的女孩子，祝愿她付出努力后，收获想要的一切。

咨先生与询小姐说

心理咨询在欧美发达国家由来已久，在我国还处于起步阶段，但专业的心理咨询对人由内而外的正向作用是不可估量的。就像小 Y，如果她没有接受过心理咨询，也许在相当长一段时间内甚至一生或许都会被禁锢在自己内心的困局中，因而，也不会意识到，面对生活、工作、学习以及自己一整套应对外界的模式还可以有另外一种可能，这种新的模式最终让自己更自然、更放松、更舒适，从而内心也更有踏实感。这种踏实感，很多时候会让她在前行的路上更从容、更自信。

原来她只是生病了

晓芙

> 在平静而幸福的时刻，我们时常会憧憬着未来的美好，而有时，美好未至，磨难却不期而来。然而，磨难并不可怕，只要我们秉着实事求是的态度，愿意去揭开它神秘的面纱，并且循着正确的路径一步步去认识它。最终，我们多数会如己所愿。

男人和女人之间有很多不同和差别是长久以来的共识，其中最显著的一项就是女人承担了人类繁衍的任务，她们生儿育女，一代又一代，使人类得以生生不息。这是一个不争的事实，同时也让男人很多时候对此熟视无睹，造成不够重视生育期及其前后女人在各方面的变化，特别是心理上的变化，因而内心可能时不时会不由自主地发出这个声音："不就生个孩子嘛，别的女人生孩子不也挺正常的嘛，就你事多！"而本篇想提醒大家的是，在现今社会的快节奏和大压力的环境下，生育，无疑是一个女人一生中生理和心理的双重节点。

01　生了女儿后，她的变化让我看不懂

小 H 两天前打电话预约了咨询时间，下午两点，他准时到来。小 H 看起来三十出头，皮肤透出健康的黑色，只是眉心紧皱，寒暄中的笑容也显得异常勉强。刚坐定，他就迫不及待地讲起来。

他的爱人小 Z 不久前产下一女，产假结束后即回单位上班。重回工作岗位后，领导和同事们陆陆续续发现她有很多让人"受不了"的地方。

比如，经常半夜三更给领导打电话，领导一开始看到电话以为有重要的事情，可几次下来，发现都是些无关紧要的小事；她还反复唠叨，总是反复问领导开会的内容，领导告诉她是关于新产品研发的事，她却不相信，弄得领导一看到她的电话就烦；同事们午饭后一起聊天时，她从外面走进来，就觉得别人在背后说她坏话，当即很生气地质问大家为什么要说她坏话，同事们感觉莫名其妙，赶紧解释说没有。结果她的疑心却越来越重，在食堂里吃饭，对面不认识的异性同事在聊天，她却能听到别人在说她"不要脸"等侮辱性词汇，于是愤怒反击，搞得别人不知所以。

与此同时，她的工作效率也越来越低，甚至连最简单的活都干不好，经常有头无尾，甚至发呆，内部调换了好几个岗位她都胜任不了，严重影响工作进度。由于以前她在工作方面的表现还是不错的，所以领导和同事怀疑是不是她生了孩子以后，仗着自己在哺乳期消极对待工作……领导和要好的同事曾多次私下跟她耐心沟通并规劝，但貌似她根本听不进去。

不仅如此，妻子小 Z 在家里也有很多奇怪的行为：孩子在大哭，她却发呆，不知道喂孩子；经常跟婆婆说人们缺乏真诚，她要拯救他们等；有时候莫名其妙发脾气，跑出去半天不回来，婆婆出去找，发现她在小区门口徘徊，问她怎么不回家，她竟然说找不到家，等等。为此，婆婆和小 H 感到很奇怪，也很苦恼；多次劝，但都无效。最近，小 H 感到自己身心俱疲："她是不是故意这样做不想跟我过了？她到底是怎么啦？我们的婚姻还有没有希望？"

02　如果是这样，那为什么会这样呢

讲完后，小 H 深深地叹了一口气："我现在真的很痛苦也不知道怎么办，谁能理解呢！"然后，低下头沉默不语。

咨询师惋惜地轻声说："听起来真让人遗憾，曾经那么温柔善良能干的妻子现在变成了这样，变得你都不认识她了。我也看得出，你仍然很爱她，也爱这个家，只是从未想到会变成现在这个样子。"此刻，咨询师非常理解他复杂而酸楚的感受，停顿了一下接着说："但是，听起来，似乎在日常生活中各方面你都还做得不错，所以，尽管出了这样的事，基本上你也找不出自己有什么可后悔的地方。"

咨询师这样说，一方面，是向他求证自己的判断，从而排除是否发生过什么特别的事件，从而给了小 Z 精神上的刺激。另一方面，也许是更重要的，看着他此刻痛心的样子，咨询师真诚地希望自己的话能让他内心稍感安慰一些。

"是的，您讲得对，我经常仔仔细细地回想我们一直以来的生活细节，并没觉得我做错了什么。"小 H 缓慢地回答，同时，直了直身体，轻轻地靠在椅背上。

"不一定是你做错了什么……"，咨询师发现此案的阳性症状比较符合精神分裂症的症状表现，开始在脑中梳理着精神分裂症的诊断标准以及此案与以往案例的相似之处。"我认为小 Z 可能患了精神分裂症，这是产后一系列变化导致的……"

还没等咨询师说完，小 H 就跳了起来："不可能！我觉得患精神分裂症者都是疯疯癫癫的，整天衣衫不整、口吐脏话、傻笑兮兮的，我老婆可没有这样啊，您是不是判断错了！"很显然，他无法相信精神分裂症会发生在他亲爱的妻子小 Z 的身上。

咨询师很理解小 H 的心情，进一步详细解释道，精神分裂症本身有多种表现，并且每种表现随着病情程度不同，表现出的特点也不太一样，小 H 说的那些症状可能是重度患者的表现，这个疾病是有个逐渐演变过程的。就他之前的描述来看，妻子小 Z 的病情目前应该还未发展到重度阶段。

精神分裂症早期病人通常有如下表现：

- 类似神经衰弱状态：头痛、失眠、多梦易醒、做事丢三落四、注意力不集中、遗精、月经紊乱、倦怠乏力，虽有诸多不适，但无痛苦体验，且又不主动就医。

- 性格改变：一向温和沉静的人，突然变得蛮不讲理，为一点微不足道的小事就发脾气，或疑心重重，认为周围的人都跟他过不去，见到有人讲话，就怀疑在议论自己，甚至把别人的咳嗽也疑为是针对自己的。

- 情绪反常：无故发笑，对亲人和朋友变得淡漠，疏远不理；既不关心别人，也不理会别人对他的关心；或无缘无故地紧张、焦虑、害怕。

- 意志减退：一反原来积极、热情、好学上进的状态，变得工作马虎，不负责任，甚至旷课、旷工，学习成绩下降，不专心听讲，不愿交作业，甚至逃学；或生活中变得懒散，仪态不修，没有进取心，得过且过，常日高三竿而拥被不起。

- 行为动作异常：一反往日热情乐观的神情为沉默不语，动作迟疑，面无表情；或呆立、呆坐、呆视，独处不爱交往；或对空叫骂，喃喃自语；或做些莫明其妙的动作，令人费解。

妻子小 Z 的表现和上述症状有很多重合之处。

"如果真是精神分裂症，那她怎么会这样的呢？她嫁过来以后，我就不用说了，我妈妈不管是在她没怀孩子的时候，还是在怀孕时和生了我们的女儿之后，都对她很好。"小 H 眼中写着大大的问号。

"精神分裂症的具体成因比较复杂，就小 Z 的情况而言，可能跟孕期、产前及产后人体的激素水平变化有很大关系，此外可能还有一些医学上目前还没有找到或者未被证实的原因。"咨询师解释。

另外，在产后一年左右这个特殊时期，女性在心理上极易出现焦虑、抑郁等情绪。身心是一体的，过多的情绪会导致相应的身体不适症状，而不适症状使得情绪更加强烈，如此反复，形成恶性循环。同时，作为新手妈妈，缺乏育儿经验；再加上产后身体存在这样那样的不适，甚至丧失部分自理能力（如漏尿等），以及返回工作之后的不胜任和不适应，导致各种负面情绪诸如失落感、无力感等进行大量堆积和挤压。

另一方面，在这个特殊阶段，家人可能对产妇初期的精神异常并未放在心上，更多关心的是物质上"坐月子"之类的事，所以可能容易走进下列误区：

- 不了解疾病的特征，所以不知道这是生病了，以为是人品或态度、脾气等问题，从而对病人进行苛责。而这不但没有作用，反而会进一步刺激病人，使病人病情加重。
- 也想到会是精神或生理方面的疾病，但是因为觉得羞耻而回避或者拖延就医。
- 觉得精神类疾病是绝症，没法治或者治不好。实际上，据 1993 年全国性精神障碍的流行病学研究显示，精神分裂症终身患病率只有 6.55‰，也就是说，大部分精神分裂症患者通过就医是能够阶段性地缓解病情甚至治愈的，一辈子都在疾病状态的概率其实很小。
- 不遵医嘱，治疗时断时续。

总体来看，女性在生育情境下产生的心理健康问题虽然有一定的类似之处，但不同的人会发展出不同的障碍类型：一部分人会形成产后抑郁症（最主要症状是"三低"：情绪低落，思维迟缓，活动减少）；还有一部分人由于种种原因会发展成其他状况，比如小 H 妻子的情况，根据他的描述，咨询师判断她现在很可能是属于精神分裂症早期。

按照小 H 妻子目前的情况，无论如何，正确的做法通常都应该是：
- 及时请教专业人士，心理咨询师或者精神科医生；
- 遵医嘱，照顾和监督病人坚持服药和治疗；
- 相信科学，定期复查；
- 不刺激病人以免加重，对病人多一些心理慰藉和关爱。

对于早期症状，在病人有一定自知力或理解力的情况下，可以医疗与心理咨询相结合。

最后，咨询师说："你需要带小 Z 到医院做进一步的详细检查和确诊！"

03 医院确诊和治疗

虽然小 H 当时对咨询师说的话将信将疑，咨询师也没有确定地说小 Z 一定是得了精神分裂症，只是说这个疾病的嫌疑比较大。但他隔天还是带妻子小 Z 去了医院，结果显示真的是精神分裂症。医生建议病人马上入院治疗，以免病情进一步恶化。并且，作为家属，他从主治医生那里再一次得到确认，小 Z 以上种种异常表现都是精神分裂症的常见症状，并非大家之前所想的那样，是人品问题或者态度问题……于是小 H 立刻向小 Z 的单位领导说明了妻子的具体情况并为她办理了病假手续，之后带她住进了医院接受治疗。做好这一切之后，小 H 专门又过来和咨询师谈了一次，虽然看得出他比较累，但精神上轻松平静了许多。

后来，小 H 在电话中告诉咨询师，爱人小 Z 经过一年多治疗，医院同意康复出院。小 Z 拿着医院开具的出院诊断，回到了原来的工作岗位。

🏃 咨先生与询小姐说

无疑，小 Z 是幸运的，她的丈夫遇到这个问题时没有讳疾忌医，而是及时求助专业人员（正规医院的精神科/心理科或者专业的心理咨询师），并且得到了关键而有用的建议，使得小 Z 的病情在严重恶化之前被及时发现，并且接受正规治疗。而与之相反，目前，在日常生活中，大部分人由于缺乏心理学和精神医学的相关知识，往往对疾病早期的症状无法做出正确的识别和判断，或者由于观念上的种种原因，以至于病人的病情拖延到非常严重的情况时才开始就医，往往这时，为时已晚，令人扼腕。

我终于知道为什么总和老婆吵架了

秦大卫

> "人生若只如初见，何事秋风悲画扇。"纳兰性德
> 的这句诗，不知成了多少人婚姻生活的缩影，相爱容易
> 相守难，却是什么，让我们忘记了爱情最初的模样？无
> 休无止的争吵、冷战甚至进一步地互相伤害，又是让人
> 多么无奈和沮丧。

我相信，大部分新人在踏入婚姻殿堂的时候，彼此内心都充满了对
另一半的爱恋和对幸福生活的憧憬。但跨过婚礼这道门，很多人却逐渐发
现，婚姻不仅像一座围城，还变成了一座迷城，幸福的憧憬和眼中的爱慕
"不知何故"渐渐消失，取而代之的是无休止的争吵和失望。这个"不知
何故"，其实是值得思考和发现的。

01　你了解自己吗

这对小夫妻来到咨询室时，丈夫小赵一脸的沮丧和疲惫，明显缺乏充
足的睡眠，面色十分不好，妻子小王则一脸的怒气。小赵说他想离婚，他
觉得他实在没法再将自己的婚姻继续下去了。刚结婚的时候，小夫妻二人
关系十分好，两个人都有着体面的工作、不错的收入，并且一起凑首付买
了房，因为是二线城市，所以房贷的压力也不是很大，在别人眼中，是令
人羡慕的一对。但是结婚才三年，现在三天两头吵架，而且每次争吵都让

他感觉很沮丧、疲惫，也同时影响了自己的工作状态，工作上经常出错。问其吵架的原因，小赵说因为太太是家里的独生女，从小娇生惯养，做事霸道，从来不考虑对方的感受，也很难沟通。最近一次争吵是因为两个人讨论晚饭去哪里吃。太太说晚上要不要出去找一家餐馆吃晚饭，小赵心想有一阵没有出去吃了，觉得是个不错的主意，就说好啊。接下来太太说她已经订好了一家湖南餐馆，听到太太这么说，小赵就很不开心了，心想你既然已经都决定了干吗还要问我的意见呢。太太感到小赵的不快，问是不是不想吃湖南菜，那可以换一家，但是小赵依然闷闷不乐，太太追问原因，两个人就吵了起来。小赵觉得太太一直都是这么独断、霸道，做任何事都是装作来商量的样子，其实早就一个人做了决定，小到去哪里吃饭，大到装修房子，一直都是先斩后奏。而太太也感到十分委屈，觉得自己每天付出了很多，不仅没有得到感激，反而被误解、批评，之前一次两人商量着出去玩，自己辛辛苦苦网上搜攻略、订机票，没想到就是因为选的航空公司没有跟先生商量，先生就大发雷霆，还把家里的烟灰缸摔了。太太觉得先生的反应太过激，无理取闹，结婚前没想到先生是这样一个小肚鸡肠、不讲道理的人。太太甚至觉得现在幸亏还没有小孩，有了小孩以后烦琐的事情更多，先生更要跟她吵，她哭着说真的不想继续下去了。

讲到这里的时候，我们可以看到，小赵对一系列的触发事件都会做出相似度很高的激烈反应。于是咨询师决定跟他谈谈他在发生这些事件时的感受，以及这些感受缘何而来。

咨询师问小赵：当你得知太太没跟你商量就已经订了机票，非常气愤，是吗？

小赵：是啊，我当时气得把烟灰缸都摔了！

咨询师：是因为这家航空公司的机票比较贵吗？

小赵：不是，贵一点没关系，我们虽然不是很有钱，但不会纠结于这一点点钱。

咨询师：那是什么让你感到这么气愤呢？

小赵：不公平！不公平！为什么什么事都不给我一点选择的权力，不公平！

说到这里，小赵突然意识到以前没有察觉到的一点，那就是气愤的原因不是因为妻子的霸道，而是自己内心感觉到的强烈的"不公平感"。之后咨询师和小赵深入探讨了这个"不公平感"，于是发现，无论是在婚姻里还是工作中，这种"不公平感"像一个无法抹去的烙痕，深深刻在他的心里，时不时会冒出来让他发一顿火。这不仅影响了夫妻关系，在一定程度上也影响了工作和人际关系。

当咨询师进一步深入探讨他的这种"不公平感"的来源时，他慢慢回忆起自己童年因为父亲的离家出走，受到各种委屈——邻居的嘲弄、同学的欺负、老师的忽视，他自伤自怜，觉得承受了太多不公平的待遇，这种感受长期笼罩在他的内心深处。即便在成年以后，来到了新的生活环境，通过自己的努力挣得了一定的财富和社会地位，但这种思维模式一直紧紧跟随着他。

"你觉得你了解自己吗？"咨询师再一次问他。

"我一开始觉得了解自己，但现在觉得还有很多方面问题，所以我以前没有真正了解。原来是我把幼年时的感受带到了现在的生活中，才会出现诸多问题。我现在觉得我的所作所为，对我妻子才是不公平的！"小赵明白了争吵的原因跟自己有很大的关系后，对妻子感到抱歉。

之后，咨询师使用了"空椅子"技术，让来访者把空椅子当作自己的父亲，鼓励他把自己心里多年的委屈，包括对父亲离家出走的埋怨，统统说出来。这么多年，小赵憋了一肚子的话想跟父亲说却一直没有机会。虽然只是个假想的父亲，小赵在"父亲"面前号啕大哭。他怪父亲抛弃了他和母亲，以至于后面承受了太多的委屈。渐渐地，小赵开始放下思想深处的包袱，完成了和幼年创伤的分离。在今后的生活中，他会慢慢将这种"不公平感"弱化并遗忘，取而代之的是对现实的接受与满足。同时，妻子小王也理解了小赵内心脆弱的一面，学会了更多的沟通和体谅。

本案例运用到格式塔心理学中的空椅子技巧，提倡让来访者完整、充分地体会内心冲突。父亲的缺失，对小赵来说，就是一个解不开的结。采用空椅子技巧，让小赵在宣泄的同时，向父亲告别，向以前那个自怨自艾的不成熟的自己告别，从而彻底解开这个心结。

经营婚姻，往往并不是像"床头吵来床尾合"这句谚语里讲得那么简单。作为咨询师，需要帮助来访者理清思路，让来访者全面认识婚姻中的问题。面对因为婚姻情感问题而来寻求帮助的来访者，初次咨询通常会问来访者两个问题：

第一个问题是，"你对自己了解吗"，就像问上面提到的小赵夫妻一样。

第二个问题是，"你对你的爱人了解吗"，并进一步启发来访者体会自己忽略了什么，并且希望从婚姻中获取什么。

接下来，我们再来看一个"对对方了解吗"的例子。

02　你了解你的爱人吗

误解，是婚姻的一粒毒药。而不会进行有效沟通，往往是产生误解的温床。

那个和你相守了很多年的枕边人，你真的有进入他的内心，了解他吗？

婚姻咨询，很多人不理解这种心理咨询方式。他们认为两个互相了解的人，打打闹闹甚至吃药上吊这么多年都无法解决的问题，为什么咨询师能够解决？咨询师难道是神仙吗？

心理咨询并不是什么神奇的过程，简单点讲，心理咨询就是一个说实话的游戏，对来访者自己也好，对配偶也好，咨询室给了他们一个敞开心扉的环境，在咨询师的引导和鼓励下，说出自己内心真正的需求和困扰。

问题是，来访者准备好了吗？

下面这对夫妻，结婚六年，孩子两岁，让我们来看看他们之间出现了什么问题？

丈夫：我想离婚。这样的生活我实在无法忍受。每天不是冷战就是争吵。

咨询师：能否具体一点？

丈夫：每天我下班回到家，她不是抱怨就是哭哭啼啼，好像我做了什么对不起她的事。

妻子：明明是你回到家看哪里都不顺眼！孩子你不抱，家务也不做！我跟你稍微抱怨一下，你就发火！

丈夫：你那不是稍微抱怨，你从我进家门开始，就开始抱怨。直到上了床，你不是这里不舒服就是那里不舒服。这么压抑的生活，我再也不想继续了！

咨询师：你感到很压抑？

丈夫：是的！非常压抑！很累。

妻子：我也很累的啊！白天上完班，晚上还要照顾孩子，做家务。你从来不知道体谅我一下，你一回来就躲到自己的书房。你说是忙工作上的事，有孩子前怎么不见你这么忙，而且工作一定要拿回家里来做吗？

咨询师：太太觉得你没有替她分担家务，是这样吗？

丈夫停顿了一下说：我工作上事情比较多。

咨询师看到了丈夫的停顿，问：是这样吗？

丈夫犹豫了一下，说：其实不是，我把自己关在书房里就是想让自己冷静一下。孩子太吵，太太也不停唠叨。

太太听了，开始小声哭泣。

咨询师：小孩子两岁很可爱吧！

丈夫：是的……可是，别人都说长得不像我。我回想起来，我太太在那方面不是很要的，所以她怀孕的概率应该很低……

听到这里，妻子感到很震惊！

咨询师：所以，你怀疑孩子不是亲生的？

咨询师又问来访者妻子：那作为太太，你知道你丈夫的想法吗？

妻子哭着说：没想到他会这么想我！我真的很痛心！我把我的青春我的一切都放在他和这个家身上！

丈夫：我没觉得你对我多好，每次我对那方面有要求，你都是找借口推脱或者拒绝！

咨询师：丈夫听上去对夫妻生活有些不满，你们多久没有夫妻生活了？

丈夫：没有孩子的时候虽然少，但还有。有了孩子两年了，一次也没有过。

咨询师问来访者妻子：你知道丈夫在这方面的不满吗？

妻子：我每天照管孩子，还要兼顾工作，真的没有注意到这一点。他一回家就躲在书房，对我们非常冷淡，有时候，我会偷偷想，他是不是有了外遇，所以有时候也会非常痛心和生气！

咨询师：你怀疑丈夫有了外遇？

妻子：有时候忍不住这么想。

咨询师：你知道你太太的这个想法吗？

丈夫：不知道。我很震惊，她居然觉得我有外遇！她从来没有跟我沟通过，我一回家只听到她的抱怨。

这个案例中，每天生活在一起的两个人之间，仿佛隔着一堵无法逾越的墙。家务的劳顿，让妻子忽视了丈夫的感受，而丈夫强忍的压抑情绪，让自己怀疑妻子不忠甚至怀疑到孩子是否是自己的亲骨肉，进而表现出对妻子和孩子强烈的排斥。而丈夫的这一态度又让妻子怀疑丈夫在外面有了外遇，进而导致更多的埋怨。这是典型的夫妻关系中的恶性循环。

而这种恶性循环的根源，在于上面案例中每天朝夕相处的两个人，不懂得怎么进行"有效沟通"，丈夫不善于沟通，大多数时间是在封闭自己，压抑自己，而妻子的沟通，多表现为发泄情绪，不能称作"有效"的沟通。沟通的目的，是得到对方的反馈。如果沟通的目的，单纯是为了发泄自己的情绪，那也许找一个心理咨询师更适合。

咨先生与询小姐说

如果夫妻二人在平时的生活中，能够试着和配偶敞开心扉，试着真正了解对方，试着进行有效的沟通，那么幸福的红毯将一直在他们面前展开。然而，由于多种原因，我们不够了解自己也不够了解对方，使得有效沟通无法进行。这个时候，一位客观中立的心理咨询师也许能搭建一座走心的桥梁。

第 2 章

爱情是恋爱，婚姻是爱恋

世间所有的情与爱

结局只有两个

如你所愿，甘之如饴

或者

失之东隅，收之桑榆

青春是一场"失之东隅"的收获

陈英丽

> 认真地爱一个人很多年，却不一定能得到他的心。
>
> 为了她我把自己变成了更优秀的人，只为配得上与她牵手一生。
>
> 当她最终选择离开，我除了不甘心，还可以说什么呢……
>
> 谢谢你，让我的青春"失之东隅，收之桑榆"。

很多人在青春年华里都曾深深爱过一个人，有的如愿以偿地与心爱的人在一起了，有的渐渐发现不可得就适时放手了，有的明知不可得却仍然用尽了全力去争取，最终也无缘与伊人牵手。

作为人生中重要的一个阶段，有人的青春被爱情滋养了，有人的青春被爱情忽略了，还有人的青春被爱情虐待了。多年后回首看当年，爱情留给青春的记忆是什么呢？如果"不幸"被虐待，还记得曲终人散时自己的心态，以及如何从阴霾中走了出来，成为今天的自己吗？

01 吉米的故事：爱了她很多年，我的未来里始终有她，她的未来里却从来没我

和大多数人一样，今年 24 岁的吉米曾经深深爱过一个女孩子 D。从高中开始，到两人同时考进同一所大学的同一个专业，再到大学毕业参加

工作，他对 D 的情意从来没变过。在吉米眼中，D 优秀而强大，专业成绩突出，性格大方有度，是他理想的爱人。

大学 4 年里，吉米除了上课，剩下的时间就是创造机会跟她在一起，为她占自习座位，为她精心准备生日礼物，为她排队买她最爱的烤羊肉串，陪她逛街买她喜欢的东西，陪她去想玩的地方旅行……D 不拒绝他的好意，但也没有答应做他的女朋友，他们始终保持在朋友与恋人之间的状态里，不进不退。吉米对此并不介意，他心中一遍遍地规划着他们共同的未来，他相信他们早晚有一天会在一起的。

D 在大学里遇到过一些其他的追求者，跟其中一位还谈了一段恋爱。吉米为此曾经伤心难过，但他并不绝望。他暗自下了决心，把专业课学好、练习弹吉他、坚持健身，还专门研究了男士服饰搭配。因为他知道，D 是一个对专业精益求精的人，D 喜欢听吉他演奏，D 喜欢有型的男生……"我努力把自己变得更优秀，让自己配得上她。"吉米说。因为有对未来的坚信，大学 4 年里吉米从来没有疏于对 D 的关心和联络，哪怕是在 D 与别人谈情说爱的那段时间里。当然，D 也没有因为恋爱而刻意疏远他。他们是同学们眼中模范的好哥们好姐们儿，"但是 D 知道我对她的感情是爱情而不单单是友情，我跟她表白过的。她说上学期间不会决定跟谁在一起。我说我会等她。"吉米说。

大学时光充实而又短暂，吉米在四年里只做了两件事：各种努力学习，各种对 D 好。毕业后，吉米和 D 又在同一个城市找到了工作。此时 D 早已跟之前的男朋友断了关系。吉米认为，他俩终于可以在一起了。他想跟 D 同租一处房子，但是 D 没有同意，理由一是没有合适地点的房子让两个人上班都方便，二是她想早点适应工作岗位并做出成绩，住在单位宿舍里方便加班。吉米再次表示理解：反正两人刚毕业，也不着急谈婚论嫁，先各自把工作做好、为未来奠定基础也是应该的。

然而，工作一年后的某天，吉米接到了 D 的短信："我要去 ×× 市了，我在那边找到了一份更好的工作，已经拿到了 offer，后天就动身。"震惊的吉米差点把手机掉在地上，他颤抖着给 D 打电话询问究竟。面对吉米的慌张和痛苦，D 还是一如既往地平静和不表态，"对不起。我先去那边，那边更适合专业发展。如果你愿意，以后也可以过去。"换一份工作不是一天两天就能搞定的事情，而她直到搞定了一切，才把结果通知了吉米。吉米收到的是结果而不是商量。此时，再执着的吉米也开始凌乱了。

D 走后一个月，吉米走进了心理咨询室。

02 了解当下的状态，倾诉心中的感受

第一次走进心理咨询室的时候，吉米的状态是这样的：

外形——坚持健身多年的他仍然帅气有型，只是脸色略显苍白，眼神中充满了忧郁和疲倦感；面部表情几乎是僵硬的，除了偶尔礼貌性地微笑时嘴角会轻微上扬。

情绪——痛苦、思念和迷茫深深地困扰着他，就像"铜墙铁壁"，让他无法逃脱，也透不过气来。

心理咨询师给他安排了心理测试，以准确了解他的情绪特征。结果为：心理测试 SDS（抑郁自评量表）标准分为 57 分，有轻度抑郁；心理测试 SAS（焦虑自评量表）标准分为 54 分，有轻度焦虑。

认知——他觉得自己这么多年的付出一无所获、毫无意义，"我要不要去 ×× 市找她呢？"他不甘心。

行为——最近哪里都不想去，不愿意参加同事组织的社交活动，下了班就想躺在床上。无数次用手机打出三个字"我想你"，最终又泄气地删除，伴之以无奈的叹息。

注意力——以前觉得非常有意义的工作，现在却提不起百分百的精力去做，处理庞大数据时经常跑神，回过神来不得不重新调整思路，工作效率明显下降。

健康——以前吃嘛嘛香，现在却经常"食不甘味"，只是随便吃几口

饱腹而已；以前挨床就能睡着，现在却辗转反侧难以入眠，梦里多次看到她转身而去的背影，醒来时泪流满面。伤感时会伴有腹痛感，但尚不严重，心情好转时能自行恢复。无其他躯体不适症状。

除上述状况之外，吉米在交谈中思维清晰，回答切题，语调适中，目标明确。能认识到失恋对自己生理和心理的影响，愿意主动寻求心理咨询师的帮助，对咨询结果有良好期望。希望通过心理咨询改善自己的心境状况，解除痛苦，并寻找"我要不要去××市找她呢"这个问题的答案。

基于以上情况，在第一次 50 分钟的咨询时间里，心理咨询师初步诊断吉米的情况为一般心理问题，主要是焦虑情绪和抑郁情绪（注意是"情绪"而不是"症"），以及可能存在的认知曲解和行为偏差。认为其症状表现与其失恋处境相符，排除神经症性问题。

"感谢你对我的信任。与一般人相比，你遇到问题时除了自己思考，还能主动寻求专业的帮助，说明你有一个开明的心态，有良好的改善愿望。这对于早日走出困境是非常重要的。"心理咨询师说。

03 识别情绪，处理情绪

心理学上把焦虑、紧张、愤怒、沮丧、悲伤、痛苦等情绪统称为负面情绪。负面情绪消耗身心能量，如果不能及时得到释放，很容易憋出"内伤"。因此，心理咨询工作往往先从识别情绪和处理情绪开始。把负面情绪清理出去，正面情绪才能被唤起，才有生长的空间。

在咨询师的鼓励下，吉米逐渐放开了情绪的闸门。

——他讲到他对 D 的思念，过去多年的大事小事他都记得。D 不像别的女孩子要么整天黏着男生，要么爱耍小脾气，要么忙于追逐潮流。她美得简单大方，总是恬静淡定，来去自如，永远知道自己想要的是什么。这些特质像魔法一样深深吸引着吉米。

——他讲到失去 D 的痛苦，很容易触景生情，听到一首稍微哀伤的音乐或者看到别的情侣一起走路，就能莫名其妙地湿了眼眶。虽然他觉得这不是一个男人应有的形象，但他"控制不了伤心"。

——他讲到对这段单向恋的不甘心。自己付出那么多，却一无所获，毫无意义。为什么自己要那么执着守候，为什么没有早日从她若即若离的态度里找到撤退的理由？他的不甘心充满了对自己后知后觉以及求而不得的遗憾，但出人意料地，没有对 D 的责怪和怨恨。

——他还讲到自己的迷茫，以及不知如何是好的焦虑。他现在什么都不想做，没有了她做动力，他觉得自己什么也做不好。

也许，就像 D 临行前说的"如果你愿意，以后也可以过去"，自己真的要跟过去吗？跟过去会怎样呢？会不会还是过去时光的重演，两人的关系仍然无法超越朋友，他仍然是单向恋？他想立刻动身前往 ×× 市，这样至少能摆脱当下的痛苦，但他隐隐约约地预感到，这并不能确保得偿所愿。

也许 D 就是他头顶的明月，只能抬头仰望，却始终无法触及。

在抒发情绪的过程中，咨询师始终不带批判地聆听吉米的倾诉。尊重他曾经的选择，理解他负面情绪产生的原因，鼓励他把负面情绪表达出来，尽可能多地把它们从内心世界搬到外面的世界，让它们见到光。同时，肯定他即便在最痛苦的时期里，也几乎没有对女孩子的攻击和怨恨，这不是所有人都能做到的……即便为了摆脱当下的痛苦而想去 ×× 市，仍能保持头脑清醒，能预测到两种可能性而不是唯一可能性……即便可能失去她，但在他的生命中曾经遇到过这么一个优秀的女孩，而且正好是他真正欣赏的那一种……

第二次咨询结束的时候，吉米深深地呼出一口气。临别时，他那礼貌性的笑容比第一次时明朗了许多。

04　调整认知，重构故事

调整认知是心理咨询工作常用的方法之一，对抑郁、焦虑等心理问题有较好的适用性。把着眼点放在当事人不合理的认知和信念上，通过改变对自己、对别人或者对事情的看法与态度来解决心理问题。

在第三次咨询中，我们开始探讨吉米对这段感情的认知以及可能存在的认知偏差，并寻找更合理的认知来替代它。

吉米主要觉得自己这么多年的付出一无所获、毫无意义，他不甘心于此。甚至因为没有得到想要的爱情，而怀疑自己所做的一切都没有价值，怀疑自己当初的选择是不是幼稚可笑。这种认知方式严重消耗他的身心能量，是造成他心理问题的重要因素，因此我们将它作为调整认知的突破点。

咨询师："如果你把爱情作为唯一的目标，似乎会觉得这么多年的付出一无所获，毫无意义，是吗？"

吉米（皱眉）："是的，我做的一切都是为了这份爱情。"

咨询师："那么，人在年轻的时候，爱情真的只是唯一的目标吗？"

吉米："嗯……好像不能这么说吧。爱情很重要，但应该不是唯一的。"

咨询师："哦，还能有哪些目标呢？说说看。"

吉米："把专业学好，掌握一技之长，有一份不错的工作，有一个好身体……成为一个优秀的人吧。"

咨询师："成为一个优秀的人，很不错的目标。你现在呢？可以说是'优秀'的吗？"

吉米（笑了一下）："还好吧。我毕业时获得了学校'优秀毕业生'的证书。与别人相比，我觉得自己的条件还是不错的。"

咨询师："很好啊，可以再具体一点说，有哪些方面让你觉得自己条件还不错呢？"

吉米："我专业技术不错，在单位里一些老员工也经常向我请教。由于长期健身，体格很好，很少生病。我有特长，聚会或者团体活动时大家都邀请我弹吉他，有不少女孩子对我有好感。"（说到这里他不好意思地

笑了一下）

咨询师："如果我没记错的话，你当初努力学习专业知识、健身、学吉他，甚至研究男士服饰搭配，是在追求 D 的过程中进行的，你如何看待这一点呢？"

吉米："我不太明白您的意思。"

咨询师："在追求 D 的过程中，你做了很多事，培养了很多好的技能和品质，这些使你成为更优秀的人，而且很讨人喜欢。是这样吗？"

吉米："我之前从没有这么想过，但好像您说的有道理。"

咨询师："这么说来，你也算实现了'成为一个优秀的人'这个目标。我这么说你同意吗？"

吉米："嗯，同意吧。我没有实现爱情的目标，却实现了另一个目标。"

咨询师："你能这么说，我为你感到高兴。看来这么多年你也不是一无所获，你所做的一切本身就是收获了。"

吉米："对啊。"（说到这里的时候，他抬眼望向天花板，再次长长地呼了一口气，这是他心情放松的表现）

咨询师："你如何总结过去的几年呢？"

吉米（想了一会儿）："我觉得可以用一句成语来总结，'失之东隅，收之桑榆'。"

咨询师（内心被震撼到了，努力保持镇定）："假如 D 现在站在你的面前，你想对她说点什么呢？"

吉米："我想说，谢谢你……"

这次咨询结束的时候，吉米告别时仍然用了礼貌性的笑容，只是这一次的笑容里多了一些发自内心的放松和喜悦。

05 在不同的年龄里做那个年龄该做的事

吉米一共来过咨询室 4 次。在前 3 次咨询中，他全面地了解了自己的身心健康状况，以及心理负担对于身体健康的影响；通过处理情绪和调整认知，缓解了负面情绪带来的心理负担，对过往有了全新的总结。他的精神面貌与接受心理咨询之前相比，已经有了明显的改善。

但是，他还有一个问题想跟咨询师探讨：到底要不要去 × × 市找 D 呢？

此时的他已经不像一开始咨询时那样带着不甘心的情绪来问这个问题，而是想听听别人对这事的看法，作为自己下一步计划的参考。

专业的心理咨询师都不会替代当事人给出答案，因为真正的答案，在每个人自己心中。

咨询师这一次跟吉米分享了"人生发展八阶段理论"。美国著名心理学家爱利克·H.埃里克森（Erik H. Erikson）把人的一生按年龄分为 8 个阶段，每个阶段都有特定的心理发展任务和需要养成的品质。吉米对 D 的感情，发生在 16—24 岁，跨越两个阶段：青春期（12—18 岁）和成年早期（18—25 岁），这两个阶段分别要完成的心理发展任务是：弄明白"我是谁""我要成为什么样的人"以及学会亲密与爱。

在这几年的时间里，沿着爱情这条道路，吉米做出了各种努力，发展了多项技能，成为自己心中和他人眼里"优秀的人"。为了爱情，他从一个十几岁的青涩小男生，学着去追求心仪的女生，并培养了照顾女生的"十八般本领"，具备了亲密与爱的品质。

总结来说，吉米做了那些年龄该做的事情，培养了该有的品质。

那么，24 岁的他，到底要不要去 × × 市找 D 呢？

亲密与爱的品质有了，但爱情的任务还没有完成。

这个问题的关键，不在于"去或者不去"，而在于他要继续做这个年龄段该做的事。

要去就去吧，无问西东。

要不去就不去吧，天涯何处无芳草。

吉米没有从咨询师那里得到明确的答案，但是他现在已经不惧怕做这道选择题了。

❓ 咨先生与询小姐说

咨询师在这里想感谢吉米，从他那里发现了"失之东隅，收之桑榆"这个成语的新的应用情境。于是有了这篇文章的灵感：青春是一场"失之东隅"的收获。

有读者看了这篇文章的初稿后，对我提出建议，"何止是青春呢，人生的任何时间段都有可能是一场'失之东隅'的收获。"大家觉得呢？

"小三"说：我终于找到了真爱

陈英丽

> 四十岁的她说，
>
> 人这辈子至少要真爱过一回，
>
> 否则也太不甘心了。
>
> 为此即便做小三也愿意！
>
> 可是真爱到底是什么样子的呢？
>
> 原来这不过是一场"迟来的叛逆"造成的闹剧。

有人说，爱情是属于年轻人的，年轻的时候为了爱情怎么做都不算过分。趁着年轻，享受爱情的炽热和甜蜜，淋漓尽致，快意人生。等到年长一些的时候，肩上背负的责任和梦想越来越多，沉甸甸地排挤着风花雪月的心情，爱情就会慢慢地变得可有可无。

可是，如果年轻的时候，还没来得及好好爱一场就稀里糊涂地度过了前半生，人到中年却遇到了迟到的真爱，我们该何去何从呢？

01 蜜丝 Q 的故事：终于遇到了真爱，即便做小三也愿意

四十岁的蜜丝 Q 来到心理咨询室，她的问题是："我要不要跟现在的丈夫离婚然后跟婚外情的对象在一起？"

年轻的时候，乖乖女的她听从了父母的安排跟现在的丈夫结了婚，现在有一个上小学的孩子。四平八稳的婚姻中，她的情感世界几乎没有什么

波澜，直到遇见了 O 先生。"他健谈幽默，温柔体贴，而且多才多艺，跟他在一起，我才体会到了爱的感觉，这种感觉让我充满了快乐和力量。我觉得，前半生真的是白活了。跟现任丈夫的婚姻生活，实在枯燥无趣，我决定要逃离。"

她把离婚的想法告诉了父母和朋友，遭到他们的一致反对。在他们看来，她的生活平淡而安稳，没有太多的压力，已然是难得；离婚本就是"荒唐"的事，更何况还要做破坏别人婚姻的第三者。但是她却说："人这一辈子至少要真爱过一回，否则也太不甘心了。我终于找到了真爱，即便做小三也愿意！我不想枯燥无聊地过一生，我决定先离婚，然后跟他在一起！"

既然她已经"决定"了，为什么还来做心理咨询呢？原来是她多年的好朋友劝她在行动之前给自己留最后一条后路。

02　爱情三要素：真爱基本是一种超现实的理想状态

美国著名心理学家罗伯特·J. 斯滕伯格（Robert J. Sternberg）提出，爱情由激情、亲密、承诺三要素构成。激情是指情绪上的着迷和生理上的欲望；亲密是指在爱情关系中能够引起的温暖体验，是心理上的亲近和喜欢；承诺指维持长久关系的决心或担保，是持久的意愿。

根据这三个要素的有无和程度的高低，又将爱情分为七个种类：喜欢式爱情、迷恋式爱情、空洞式爱情、浪漫式爱情、伴侣式爱情、愚蠢式爱情和完美式爱情（见图 1）。

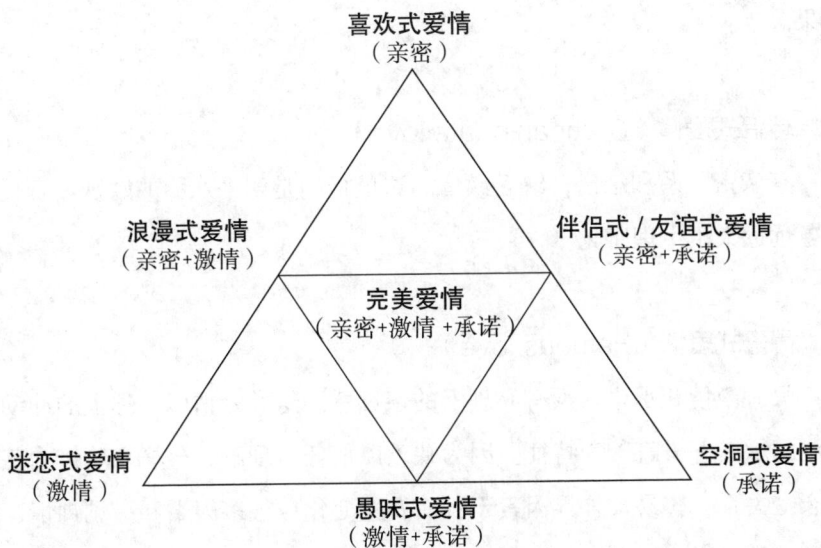

喜欢式爱情
（亲密）

浪漫式爱情
（亲密+激情）

伴侣式 / 友谊式爱情
（亲密+承诺）

完美爱情
（亲密+激情 +承诺）

迷恋式爱情
（激情）

空洞式爱情
（承诺）

愚昧式爱情
（激情+承诺）

图 1

喜欢式爱情（Liking）

只有亲密，互相信任、理解、分享和珍惜，在一起感觉很舒服，但是觉得缺少激情。类似友谊。

迷恋式爱情（Infatuated love）

只有激情体验。认为对方有强烈吸引力，除此之外，对对方了解不多，也没有想过将来。就像初恋，是一种受到生理本能牵引和导向的青涩爱情。

空洞式爱情（Empty love）

只有承诺。缺乏亲密和激情，如纯粹地为了结婚的爱情。此类"爱情"看上去丰满，却缺少必要的内容，身处其中会感到疲乏和无趣。

浪漫式爱情（Romantic love）

有亲密关系和激情体验，没有承诺。这种"爱情"崇尚过程，不在乎结果。

伴侣式爱情（Companionate love）

有亲密关系和承诺，缺乏激情。这里指的是四平八稳的婚姻，责任和义务远远大于生理感觉。

愚蠢式爱情（Fatuous love）

只有激情和承诺，没有心理上的亲近感。这类爱情以生理上的冲动和空洞的承诺（誓言）为特征。因为缺乏以信任、理解、分享和珍惜为基础的亲密关系，容易被外界因素干扰而发生变化。很多闪婚和一见钟情，如果没有及时添补亲密感，一遇到困难很容易发生变故。

完美爱情（Consummate love）

同时具备三要素，包含激情、承诺和亲密，是理想状态的爱情。

斯滕伯格认为，前六种爱情确切地说，并不是爱情，或者是类爱情。只有完美式爱情，才是真正的爱情。现实生活中类爱情和非爱情的情形实在太多，以至于具备三要素的爱情基本是一种超现实的理想状态。

03　爱情需要澄清：你的爱情到底是什么样子的

蜜丝 Q 认为，她与现任丈夫的爱情，是空洞式的。那么她与 O 先生之间的爱情是哪一种呢？

最初，她认为这是完美的爱情，不加思考就脱口而出。但咨询师提醒她，在做出判断之前，需要先分清三个概念：她对这段感情的认识、O 先生对这段感情的认识，以及这段感情实际上到底是什么样子的。

为了弄清楚 O 先生对这段感情的认识，考虑到 O 先生的职业是一家大型企业的高层干部，咨询师问了蜜丝 Q 以下六个问题。

- O 先生为什么会选择跟她进行婚外恋呢？
- 两个人是否讨论过将来怎么办，O 先生是否愿意为了蜜丝 Q 而跟自己的太太离婚呢？
- 如果离婚，对 O 先生会有什么样的影响，他是否愿意为了跟蜜丝 Q 在一起而承受这些影响带来的压力？
- O 先生的太太是什么样的人，如果她知道蜜丝 Q 的存在，会有什么样的反应或者采取什么样的行动呢？
- 如果 O 先生的太太不愿意离婚，O 先生会像蜜丝 Q 这样坚决地离婚吗？
- 在思考上面几个问题的基础上，判断 O 先生在这段关系中属于哪一种类型。

从与蜜丝 Q 的谈话中得知，O 先生与太太的婚姻有很大程度的"功利性"，他的岳父当年是 O 先生所在企业的一把手，现在虽然已经退休但是仍然有不小的影响力。O 先生的太太性格高傲且强势，让 O 先生颇受压制。相反，O 先生在性格温顺、形象姣好的蜜丝 Q 这里找到了男人的自信和两性的快乐。他们谈论过在一起的设想，但与蜜丝 Q 的坚决相比，O 先生虽然也愿意跟她在一起，但是有不少顾虑。如果离婚，很可能没法好好地在这里继续工作了，而换工作对于四十多岁的他来说似乎也不是很容易，尤其是想找到跟目前的职位和待遇差不多的工作就更难了。在遇到蜜丝 Q 之前，O 先生已经多次有过离婚的想法，只不过考虑到现实的压力和惧怕太太会采取激烈的手段，所以一直没有正式提出过离婚的事。如果 O 太太知道蜜丝 Q 跟自己的丈夫进行着婚外恋会不会做一些对蜜丝 Q 不利的事情呢？比如网络上经常流传的"原配带人打小三"这样的人身伤害事件以及其他形式的侮辱和打击，等等。蜜丝 Q 之前并没有往这个方面考虑过，她沉浸在两人世界中，忽略了对第三人的分析和防备。根据她掌握的 O 太太的情况，这样的事情很可能会发生，而且如果发生这样的事情，O 先生不一定会站出来强有力地保护自己。

分析到这里的时候，蜜丝Q流露出失望和痛苦的表情，陷入了迷茫和沉思中。她不认为自己具有承担最坏情景的魄力，也对O先生保护自己的能力没有信心。O先生对她有情，但他不具备冲破现实压力和承担潜在风险的意志，也无法给出像样的承诺。

由此，她总结说，这份爱情对O先生而言，可能只是浪漫式的。对她自己而言，一开始以为是完美的爱情，现在看来有点愚蠢式和迷恋式相结合的感觉。

这似乎并不是她想要的真爱。她想要放弃自己现有的家庭去争取新的爱情，可能只是从一种不理想变成另一种不理想。

"也许我还需要好好想一想再做决定。"她说。

04　迟来的叛逆：警惕自己的情感软肋

在以上分析的基础上，蜜丝Q的问题似乎不难找到答案了，至少她不会像一开始那样毅然决然地想要马上离婚然后跟婚外恋的对象在一起。但是，对于一个四十岁左右的人来说，为什么在这个年龄还会发生"愚蠢式和迷恋式相结合"的爱情呢？咨询师认为，解释事情发生的深层次原因与寻找问题的答案一样重要。

迟来的叛逆需要警惕。

在蜜丝Q既往的生活经历中，她在父母面前一直扮演着乖乖女的角色，甚至连结婚的对象也是听从父母安排。成家以后，大部分时间也是给人一种贤妻良母的形象。"叛逆"一词，似乎在她身上从来没有发生过。

但心理学的研究表明，一个人在成长过程中，至少要经历二次叛逆期或反抗期。第一个反抗期出现在2—5岁，一向温顺听话的孩子到了这个时期也会变得急躁、不听话、调皮。这个时期的孩子最爱说的话就是"不"。主要表现在什么事都要按照自己的思路去做，或者拒绝大人的安排，不愿意别人来干涉自己的自由。第二个反抗期一般出现在12—15岁，这个阶段正值青春发育期，伴随着第二性征的出现，孩子的自我独立意识也变得格外强烈，渴望摆脱家长的管束；与此同时他们在身心两方面都还非常不成熟，这就使他们与成人的关系充满着激烈的冲突和矛盾，充满着逆反思想和行为。主要表现为：爱和父母唱反调、反抗父母的管教，严重的索性离家出走。

"叛逆"和"反抗"其实是孩子心理成长的正常表现。孩子在叛逆中表达自己的观点和需求，在与周围环境的冲突中增强独立意识和生存能力，也不断地调整自己的心态和应对方式。这是孩子的心理从幼稚走向成熟不可缺少的过程。

然而，现实生活中，由于父母的过多管教和压制，以及学业的压力等，一些孩子在常规的叛逆期并没有表现出叛逆行为，出现了叛逆期延迟的现象，成为人们称赞的"乖孩子"。但是到了成年的某个时期，那些早年被抑制的对自由和情感的追求被外部条件激发，突然以一种强烈的方式爆发出来，做出一些让人难以理解甚至啼笑皆非的事情，被人们指责为"幼稚"和"不成熟"。

蜜丝 Q 就是典型的叛逆期延后发作的例子。她选择的这段婚外恋情以及对待这段恋情的态度，在家人和旁观者来看，除了道德层面的诘问之外，还有点轻率和幼稚，少了这个年龄的人应该有的成熟和睿智。很多人在很年轻的时候就能明白的道理，她"到了四十岁还糊涂着"。

以"晚熟"为特征的"成年叛逆"，其叛逆的行为往往更伤家人的心，可能让自己遭受巨大的损失，而且叛逆的后果往往更具破坏性。

针对"迟到的叛逆"，蜜丝 Q 们应该怎么做呢？

首先，要认识到自己的心理特征，提高自我觉察能力。注意自己在生活、工作中与他人的互动模式，提高对自己情感、思维、躯体感觉、信念和行为表现的自我觉察能力。可以写反思日记，养成自我反思的习惯，这有助于及时发现自己的"叛逆表现"。

其次，与家人和朋友保持良好的沟通关系，以便获得他们的情感支持和经验支持。家人和朋友是人的重要社会支持系统，当遇到困难或者难以做出选择的时候，他们的情感支持和经验支持能够丰富当事人看待问题的视角，避免做出冲动的决定。

第三，有条件的话可以寻求专业的心理咨询，进行以心灵成长为目标的探索。心灵成长是心理咨询的重要目标和方向之一。无论是否遭遇重大事件，只要觉得内心存在困惑和矛盾，影响心理舒适度或者生活品质，都可以选择心理咨询。借助心理学的相关理论和方法，通过对自己、对他人、对事件的重新认识，开发自己的心理潜力，从而恢复心理平衡，提高对环境的适应能力，增进身心健康。

第四，接纳自己"迟到的叛逆"，培养更成熟的思维和行为模式。和早期的叛逆一样，成人的叛逆也有其积极的意义。及时觉察到并纠正不适当的选择，顺利度过叛逆期，有助于培养更成熟的思维和行为模式。因此，过分的自责并无必要，面向未来的从容和坚定才是值得提倡的。

咨先生与询小姐说

本文的主人公是在道德意义上经常被诟病的"小三"，面对她的困惑，心理咨询的开展并没有从道德的立场进行批判和劝导，而是分享与之相关的心理学知识和方法，客观地分析问题的实质以及问题产生的原因，从而有助于来访者穿越现实的迷雾找到解决问题的方向。至于道德上的批判，往往是教人做"乖孩子"，并不能使来访者心服口服，反而有可能施加了另一种形式的压抑，引发进一步的叛逆。

人到中年，没钱没爱

宋素霞

> 人到中年，这四个字，不知道是否可以引起你的千言万语。

年轻的日子还很长，
可是今天又无所事事，
忽然有一天你发现十年过去了，
没人告诉你该什么时候起跑，
噢，你错过了发令枪。
计划最后总是要变成零，
或是变成那草草的半页纸。
活在安静的绝望中，
这是英国人的方式。
时光流逝了，歌也结束了，
但总觉得自己还有话要说。

——西格蒙德·弗洛伊德

回望来时路，历历在目，似乎还有诸多的遗憾隐隐约约留在内心的深处，似乎也无法重新来过，向前看，想抓住未来，却也不知道如何把握生命。

父母辈的人渐渐稀少，死亡已不是模糊的模样，而是已经近到触手可及；某一天突然听不懂了孩辈的语言，留给我们的是青春的背影；突然有一天，你发现，你的豪言壮语越来越少，你不再任性了，能忍受上司的坏脾气了；当你的关节不断发出咯吱咯吱的响声，你不再对新鲜事有浓烈的兴趣了。

中年没有固定样子，你是哪一样的呢？

01　我是不是活错了

林子，由于失眠被妻子带到咨询室。第一次见到林子，林子的脸似乎有点浮肿，整个人看起来有点胖胖的，面色有点灰灰的，头发也是很没有精神地耷拉着。林子原来是一家外资企业的中层，去年该企业解散了，林子从原单位获得一笔不菲的资金补助。刚开始的时候，日子过得还是挺滋润的，再也不用加班了，再也不用应酬了，终于歇了下来。林子也给自己放了一个假，到处去旅游了一下。本来旅游是散心的，没想到旅游回来过了一段时间，林子就开始闷闷不乐。

后来听林子讲起来，他旅游期间，大多是找一些以前的老同学，都是大学那会儿玩得比较好的同学，刚毕业那会儿林子成为同学们羡慕的对象，留在大城市发展，在外资企业上班，可以说是春风得意吧。由于当时学的是营销专业，毕业后，大家八仙过海，各显神通，去到了不同的行业和单位，所以至今大家一直都没有聚会过。有的同学回了老家做了公务员拿着不到林子十分之一的工资，也有的去了小的私营企业忙得昏天暗地。

他找的第一个同学，就是回了老家做了公务员的同学，真没有想到，这个同学已经升到了非常了不起的级别，目前正处于非常重要的位置。林子跟同学约的那一天，那个同学开了个当地非常重要的会议，签了好几个很重要的字。林子忽然想到自己的处境，"我这都是失业的人，我这个同学如今正是如日中天呢"，不禁感叹自己当初是不是选错了路。

　　林子接着去见了第二个同学，这个同学也早已成为当地一位非常有名企业的老总。看着同学热情地介绍自己的事业蓝图，林子的心一直往下沉，一直往下沉。想想这个同学当初家境不如自己，学习不如自己，如今自己都失业了，人家的企业却发展得红红火火，都走向国际了。林子感叹是不是自己当初不够努力。他跟这个同学只是说休了年假，并没有说自己以前公司的事情。林子没有再去见第三个同学，在电话里了解到第三个同学正准备去看在国外读书的孩子，林子突然想到自己的孩子，目前他们家庭中，预算最多的就是孩子各项课外学习费用，之前还算宽裕，现在突然心生担忧，孩子的各项课外学费让自己感到压力，可自己同学的孩子都在国外上学了。林子的心渐渐地从优越的空中跌落到地下尘埃里，猛然间感觉到他自己似乎被时代抛弃了。

　　林子回来后，准备发奋图强，很快，林子就到了一家新成立的民营公司上班了，但不到一个星期就辞职回来，觉得新的公司管理太混乱，自己跟 90 后老板交流也变得困难，深深觉得英雄无用武之地了。林子又决定要创业，找了非常非常多的项目，但要么投资太多，要么不靠谱。

　　慢慢地，林子就真的闲下来了，有时候一天都不说一句话，白天黑夜看电视，现在开始时常失眠了。一开始妻子对他的无所事事的行为极度不满，因而经常争吵。幸运的是，林子妻子的单位举办了一次心理沙龙活动，活动之后夫妻俩都来到了咨询室。

　　林子在咨询室说："我怎么觉得我的前半生就白活了呢？老师，你看我努力工作了快 20 年，结果现在什么都没有，没有工作，买不起豪宅，开不起豪车，就连孩子都要养不起了，我现在就是一无所有的失败者。"

　　咨询师："嗯，听起来，你对自己目前的生活有点失望。"

　　林子："何止是一点点失望，简直失望透了。我好像一直被赶着走，小时候天天认认真真学习，一毕业赶紧找工作，工作后天天卖力干活表现自己，盼望着升职加薪；然后结婚，生孩子，养孩子，陪孩子；希望能住上自己买的房子，买了小房子，换了大房子，我一直在过我想要的生活，可是好像又不是我想要的生活。然后就到了现在，我人到中年失业了，而我的同学们个个都非常出息。"

咨询师："我听到，对于工作你一直是个努力的人，曾经得到很多很重要的机会；对于家庭，你提供了有力的物质保障，你也是个非常有责任心的人。这是非常值得欣赏的。"

林子："但有什么用？现在我觉得我什么都做不了，工作难找，创业没有资源也没有经验，我现在还不如我大学刚毕业那会儿呢，那会我还有梦想，还有勇气，现在我什么都没有。我真的不知道，我是不是活错了？"

失业后的林子现在的处境：（1）找新的工作，高不成低不就，大的单位很少招人，小的单位基本老板说了算；（2）创业没有经验，资金不够；（3）曾经的同伴事业处于上升期，相比较之下带来巨大的心理落差。

本来林子通过自己的努力在大城市发展，安居乐业，本来是很不错的人生，没想到自己的公司解散了，自己处于失业的状态。再加上与自己发展好的同学比较，一下子掉进了情绪的漩涡中，对自己的情况产生了认知曲解。

人作为信息加工的系统，加工容量有限。每个人的以往生活经验各不相同，形成了各自的独特的认知图式，这些图式指导着人的信息加工的过程，对内外环境的信息表现出主动选择的趋向，肯定与图式一致的信息，无视或者否定与图式不一致的信息。而内外环境信息量有时非常庞杂，有时又十分稀少或者模糊不清，这就有可能导致认知曲解的发生。美国心理学家阿伦·贝克（Aaron T. Belk）指出的人们经常犯以下 10 种认知错误。

- 主观推断，指在没有支持性和相关的根据就做出结论，有时也包括"灾难化思维"，从一个点想到最坏的最糟糕的结果。
- 极端的思维，指用全有或者全无的，或者非黑即白的方式来思考和解释事件，或者用不是就是两个极端来将经验分类。例如，如果我没有把某件事做成功，我就是一个失败的人。

- 选择性概括，指仅仅根据一个小小的失误，不考虑其他情况，就对整个事情做出结论，这是一种"以偏概全"。

- 过分夸大或者缩小，比如某人夸大自己的失误和缺陷，而贬低自己的成绩和优点。

- 选择性消极关注，指选择一个消极的细节，并且总是记住这个细节，而忽略其他方面。

- "应该倾向"，指人们常常用"应该""必须"等词要求自己或者别人。

- 个人化，指主动去为别人的过失承担责任，将一切不幸的事故或别人的不幸均归因于自己的过失而引咎自责。

- 乱贴标签。

- 过度引申，指在一个小小失误的基础上，做出整个人生价值的结论。

- 情绪推理，指认为自己的消极情绪必然反映了实施的真实情况，比如，我感觉我好失败，所以我就是失败的人。

林子这里犯了以下几种认知曲解：选择性概括，过分夸大或者缩小，情绪推理，主观推断。因为自己原来单位的解散，而否定自己之前的工作能力，相比较其他同学，自己处于事业的低谷，就认为自己是个失败的人，对自己的人生都产生了怀疑。荀子曾说："凡人之患，蔽于一曲，而暗于大理。"我们都是凡人，有时犯了认知的错误，也是正常，关键在于我们能看见和理清现实与我们想象的事实，认识到便是改变的开始。

林子在咨询师的引导下，从自己工作开始，列出自己曾经做过的重要工作，获得的重要机会，为家庭做出了哪些重要的支持，在这些事件中，他拥有哪些优秀的品质在支持他。慢慢林子发现了自己实际上在工作上不仅是一个非常有想法的人，也是非常有执行力的人；对于家庭，真正感觉到父母、妻子和女儿对他如此重要，也是如此地需要他。他后来告诉我们，他真正打算，从心里开始给自己一个新的起点。他说："感谢这一次心理危机，让我真正地认识了自己，现在我不仅还有勇气去开始新生活，而且还会带上我的经验和智慧。"

02　我到底要不要离婚

叶子，一个走路带风的女子，40多岁，自己经营着不错的一份事业。

在朋友的眼里，叶子是个非常优秀的女孩，自己把事业经营得红红火火，展现给外人的永远是漂亮、精明、能干的一面。但是一提到"家"这个字的时候，叶子的脸一下子就失去了光彩，变得暗淡，目光漂向看不到的远方。叶子目前和老公处于分居状态，各吃各的饭，各上各的床，除了孩子的事情，其他的事情零交流。

她说："有的时候，晚上下班后，我开着车，在高架上转一圈，又一圈，我不想回那个房子，那里没有人欢迎我，没有人等我，也没有人需要我。"

叶子的老公有一份稳定的工作，是一位温文尔雅的男士，没有明显的不良嗜好，唯一喜欢的就是网络游戏，但就是这个唯一造成了他们之间巨大的隔阂。还在新婚期里，小夫妻就开始玩起了猫捉老鼠的游戏，叶子经常在满城的网吧里寻找打游戏的新郎。找着找着也就累了，叶子开始使用原始的方法，一哭二闹三上吊，这些招都只能管一阵子，慢慢都不灵了，叶子对老公也就失去了信心，听之任之了。

虽然说老公的打游戏并没有耽误自己的工作和日常生活，但在叶子看来，像老公这样的人生真是浪费了。叶子希望老公能多学习，多进步。有一次叶子参加老公单位同事的聚餐，听说老公单位规定拿到一些证是可以加工资的，叶子劝老公去考一个，毕竟考试对他的老公来讲是不太困难的。这日子都过去十几年了，老公还打着自己的网络游戏，一个证也没有考过。而叶子自己通过自学考取了大专文凭，又在生孩子期间自学了本科，后来当主管，再后来还晋升到了部门经理，现在又自己创业，成为当地女性创业楷模。叶子说："十几年来，我的日子，马不停歇，风风火火，就这样过来了，但很多日子也都是数着过来的，笑过的日子都记得。"

在很早的时候叶子就考虑过离婚，当时她的父母都还在，她的妈妈说："如果你离婚，我就不认你这个女儿了，人家好好的，又没犯什么错，再说，就是犯错了，也是可以改的嘛！"后来忙着孩子，工作，就这样过着日子。现在孩子大了，事业也稳定了，叶子突然不知道自己该怎么活了。前两年叶子的父母因病相继离开，这更加让叶子感到孤单和没有归宿感。

"我不想要目前的生活，我想去爱一个人，好好地去关爱他，守护他，也希望有一个人能靠近我，爱我，我希望有一个健康的亲密关系，但目前我的婚姻里无法得到这样的关系，我们之间的梗已经太多，网络游戏是他的'小三'，工作是不能给我拥抱的'情人'。我们的关系只是在彼此消耗，没有任何的滋养，难到我的人生就要在这样没有爱的日子里继续吗？"

"我到底要不要离婚？"

叶子的困惑，不只是叶子的困惑，我接触过很多在婚姻中处于受苦状态的优秀青中年女性。这些女性，确实自身有非常多的优势，生活上态度积极进取，学术上专业深刻，事业上也是收获满满，相比较之下，这些女性的伴侣，就会显得弱一点，在专业上马马虎虎，在态度上随遇而安，追求安逸的生活。夫妻之间存在两种截然不同的生活观，尤其是女强男弱的家庭，常常把家常日子过得电闪雷鸣。

叶子是原生家庭中的长女，为了减轻父母负担，成绩很好的叶子主动选择读中专。结婚的时候，叶子也是更多地考虑到家庭的情况，选择了一个当时看起来经济能力略有优势的家庭。婚后，叶子虽然对老公有诸多不满，但为了父母的面子和孩子的未来还是留在无爱无性的婚姻里，一路向前冲。如今孩子大了，老人走了，突然失去了努力的方向，陷入了中年的迷茫中。

与其说是如今叶子再次对婚姻产生怀疑，不如说是叶子对自己的人生产生了困惑。一路走来看起来活得很风光，但自己并不快乐，不知道接下来要过什么样的生活，要为谁而活。

03　关于中年危机——人生发展的转折期

瑞士心理学家卡尔·古斯塔夫·荣格（Carl Gustav Jung）认为，一个人的童年期是学习各种生存技能的时期，青年期与成年早期个体会将精力指向学习、工作、结婚、抚养孩子、社会交际等活动。而步入中年期个体的发展会出现一个转变：从一个精力充沛的、注重外部世界的人转变到一个更加关注生活智慧和人生意义的人。当个体在生活上取得了保障，可以享受人生，将注意力投向了内心，却又发现无法继续从原来的方式获得意义感，就需要寻找新的生活意义，寻找一种精神的追求。年轻的时候需要在外部找到的东西，中年时则要找到内心的东西。

上述的林子，卡在人生途中的事业上，事业的中断是一个导火索，引起了林子对自己人生的思考，经过咨询，林子度过了中年危机，带着生活的经验和智慧开启了新的旅程；而叶子，则是在婚姻方面遇到了自己的中年危机，一个浑浑噩噩的人是很难对自己发问的，而叶子恰恰是那些冰雪聪明的女子，渴望一份健康的亲密关系。叶子一直为了父母而活，为了孩子而活，为了事业而活，她内心知道这并不是她想要的生活。经过咨询师的协助，叶子在汹涌澎湃的泪水中，修复了自己一个又一个创伤，找到了真正的自己，也从伴侣那边收回了那么多的期待。"自我"独立自由后的叶子，不再去问自己是否还要待在受苦的婚姻里，而是常常会问自己：

"我要什么？"

"我可以为此做点什么呢？"

人生发展的危机不一定都发生在中年，任何一个年龄段都有可能发生；我们可以做的是，努力让自己成长，受得住幸福来敲门的激动，也能经受得起失去的伤痛。

咨先生与询小姐说

一个自由而独立的人，不惧年龄，不惧时光，任何时候都可以重新开始，大多数时候都有能力和智慧可以让自己闪闪发光。

男人说：成家方知做人难

晓芙

> "你是鱼儿我是水，鱼对水说，你看不到我的眼泪，因为我在水中；水对鱼说，我能感觉你的眼泪，因为你在我心中。"这是曾经看到过的一句话。每一对在婚姻中的人也许都恰似这鱼儿和水，不管他们拥有的是欢乐，还是忧伤，是痛苦，还是幸福，影响都是相互的。然而，至于当事人是否意识到，意识到了是否愿意承认，那是另外的话题。

人的一生，说长不长，不过百年，说短也不短，以至于我们对往事的记忆会渐渐变得模糊。可是，即便沧海桑田，那些根植于我们内心深处，曾经让我们历经美好体验的情感，那些美妙的感觉，还是被深深地记住，比如爱情，我们内心非常希望这些珍贵的情感和感觉能够长久延续。

01 小D说：我不想回家

小D三十岁出头，第一次来咨询室，是在他下班之后。他长得挺帅，身材高大，五官立体，举手投足间透露着修养。只是，他看起来情绪非常低落，眼神迷茫。

"老师，上次电话里讲了一点，不知道您能不能理解我现在的处境，困在里面，真是太痛苦了。"他一边说，一边慢慢地坐下来。

咨询师给他递了一杯水，同情地看着他，轻声说："你的表情，你的声音，都能让我感受到你内心的难过和纠结，愿意具体讲一讲吗？"

通过交谈得知，小 D 结婚已近两年，妻子比他小两岁。他主要觉得，妻子结婚之前温柔可人，善解人意，让人舒心快乐，自己恨不得一有空就能和她黏在一起；而现在，她动不动为了点小事就发脾气，还指责说自己越来越不在乎她了，弄得自己心烦意乱，脾气也变得越来越差，不晓得平时该怎么和妻子正常相处才能过下去。还有，自己成家后是和父母分开住的，刚结婚的时候，他经常会带妻子到自己父母家去看看，陪老人吃吃饭，聊聊天。可最近一年来，由于他和妻子不断争吵和冷战，相互之间的关系持续恶化，现在他基本上不和妻子一起回去看望老人了：一方面，妻子不再愿意和他一起回去；另一方面，回去时父母有时会觉察到他们之间的关系不太正常，他怕父母担心。

最近，他感觉胸口像压着块大石头，整个人筋疲力尽，同时，晚上睡眠质量很差，有时候做梦还会惊醒出冷汗。白天没什么精神，胃口也不好，工作效率比较低，以至于领导有时会问他是不是生病了，并且多数时候他下班后坐在办公室发呆，根本不想回家。

他的困惑是：究竟是妻子变了，还是像妻子说的，是自己变了？如何改变这种家庭状况？已经在考虑：是不是他和妻子各方面真的不适合或者是真的不爱了，必须要通过离婚来摆脱这种局面？

最后，他像是自言自语，边摇着头边说："感觉做男人真的挺难的！原以为经过辛苦打拼，物质方面都比较稳定了，成了家会更加幸福，没想到现在连家都不想回了。充满争吵和冷战的家根本没有乐趣可言！"

在咨询师看来，小 D 的各种表现明显指向抑郁症的三个主要特点：情感低落，思维迟缓，语言和动作减少，同时，还伴有躯体症状，只是综合来看，程度暂时没太深。咨询师先让他做了抑郁量表，结果是：中度抑郁。咨询师建议他之后再去医院精神科具体检查一下，医生会根据情况看是否需要服药一段时间，他答应了。

02　她只是呈现了她的另外一面

再次见到小 D，他一坐下就说，"上次跟您讲了整个情况，感觉心里舒服了一些，也去医院看了医生，医生帮我开了一些缓解抑郁的中药，夜里睡得好点了，感觉整个人感觉上好了一些，谢谢！"。听到这个反馈，咨询师很为他高兴，因为一般而言，咨询师都会在内心真诚地希望来访者能好起来。

"你上次提到，妻子现在情绪容易激动，还经常指责你，回想到她以前的轻言轻语，温柔体贴，你一定很难过，很委屈吧？"咨询师问道。

"当然，每次她发作的时候，我的头脑中都会不由自主地出现以前那些美好的画面，跟现在形成了鲜明的对比。回忆会让我更加难过。我真的受不了她现在情绪激动时说的话，还有做出的动作与表情。我又不是她的仇人。"他说这话时面露痛苦，好像又看到了正在发脾气挑剔他的妻子。

"我能感受到，她情绪激动时候那些发泄的话、指责的语言，还有她的表情，容易刺激到你，让你受不了，让你痛心。"咨询师说。

"所以，有时候，我会情不自禁地怀疑她结婚之前对我的好是不是真的……"

"因为那一刻，你是太伤心了。"咨询师明白他的感受，"但是，的确，这也会让你问自己，结婚之前的她对你的好是真的吗？那个'美好'的她是真的她吗？你希望是真的，可是又有点不敢相信……"

"是的，我现在不大清楚了……"

"但我之前也听你提到过，你说，妻子似乎也同时在说你变了，是这样吗？"

"有时候她会这样讲，但是我觉得我没变，是她变了，我才这样！"他有些激动。

"是她变了，你才变成这样吗？会不会她也会这样认为呢？"咨询师一边意味深长地问道，一边用探询的眼神看着他。

那么，是她变了？还是他变了？还是他们俩都变了？答案是：他们都没变，他们又都变了。

从最初的彼此有好感，再到彼此相爱，你每天醒来都想到他，呼唤着他的名字，你每天想做的就是和他在一起；即使想到他，也会情不自禁面带笑容，感觉内心柔柔的，甜丝丝的；你们享受那种默契的、充满激情和活力的、彻心彻肺的开心幸福的感觉，这种感觉让人轻飘飘的，感到无比愉悦。你终于找到了能带你到"天堂"的人，本能地，你们都会毫不犹豫地，虔诚地，把自己最好最好的一面呈现给对方，目标——待在"天堂"。

另一方面，也许我们每个人从感到孤独的那一天开始，就一直在寻找那个能让我们不孤独的人，我们一天天在内心里描画那个人，他的外形，他的内在品质，他的一切的一切。忽然有一天，你感觉终于找到他了。但是，你真的找到了你内心里的那个他了吗？或许更多的是你美好的愿望吧，事实上，也许更多时候，你找到的他仅仅是你内心描画出的那个他的一部分吧！

随着时间的推移，外在各方面情况的变化，那个立体的完整的真实的他逐渐呈现在你的面前，这个他让你和"天堂"渐行渐远，这是你不愿意的，于是你很愤怒，指责他说："你变了！！"是的，你们都从"单面"变成了"多面"。

听起来是不是有点玄乎？为什么我们会这样？其实心理学上把这种情况称为"心理投射"。"投射"一词是由 L. K. 弗兰克（L. K. Frank）于1939 年首先明确提出，是指个人将自己的思想、态度、愿望、情绪、性格等个性特征，不自觉地反应于外界事物或者他人的一种心理作用。很多心理学的工具或游戏都运用投射原理，比如"罗夏墨迹测试""OH 卡"等。

简单地说，我们喜欢或者讨厌对方的某些特质，这些特质在我们的内在都相应存在。在我们的意识中，被喜欢的这些特质是自己所允许和欣赏的，不被喜欢的特质是自己不允许或者不接受的。比如，有些女孩子休息时间会在办公室分享零食，由于种种原因，可能零食没能分给到某些人，她就感觉人家不开心了，会内疚或不安，可事实上，这些人可能根本不在意，是她自己在这种情况下（没分到零食）可能会不开心；再比如，有些男孩子看到女孩子看了他一眼，他会说这个女孩子对他有意思，事实上，是他对人家有意思，目光一直在关注这个女孩子。

回到小 D 这个事情，情况有点复杂，也许他中意的那个"她"的种种美好特质，在他和妻子认识之前已经在内心形成了。

一方面，认识妻子之后，他把内心形成的这些特质不自觉地投射到妻子身上（当时作为女朋友），然而，随着时间的推移，当小 D 发现妻子自己更多真实的特质，特别是他认为"不美"一面的时候，就会认为是妻子"变了"。其实他投射出去的那些东西根本就不是对方的，只是他认为是对方的。

同时，另一方面，小 D 还会把真实生活中的她和内心那个已经形成的"她"在自己的潜意识中合二为一，而事实上她们是两个不同的个体（尽管有一个是在内心构想出来的）。内心的那个"她"只有"完美"，真实的这个她，有"美"也有"不美"，更加立体和现实。由于她们两个的特点不会一一对应，时间会让妻子的各种特点逐渐呈现，这也会让小 D 感觉妻子"变了"。

反过来，整个情况对于小 D 的妻子来说，也是一样的。

03　要是永远都生活在"单面"里该有多好

第三次见面的时候，咨询师能明显感觉出小 D 抑郁情绪的好转。他说这一周，他试着从妻子的角度去看自己，感觉自己的所言所为可能也并不比妻子好，妻子也许也有与自己差不多的感受吧，他像是自言自语，但是可以感觉到是从内心讲出来的。他接着说，当他内心这样想的时候，他就能理解妻子，自己情绪上首先就平和了许多。

进一步，小 D 为了改善他们之间糟糕的关系，至少让自己不再那么痛苦，每当在妻子情绪又发作的时候，他能尽量模拟在这种情形下自己的感受，从而把这个感受当作妻子的感受，去主动说给她听，比如"我刚刚那样说，你可能会有点不舒服，感觉被误解了，有点委屈吧"，往往这时，妻子的怒火好像就逐渐消散了，"这真是一个奇妙的变化"，他说。以前，在这种情形下，为了让妻子平静下来，他或不作声，或避开她，或跟她讲道理，或跟她道歉……她还是情绪激动，喋喋不休，于是他越发感觉她无理取闹，内心更加厌烦。小 D 的所为所言有点出乎咨询师的意料，可能对于多数想解决问题的人来说，能够先意识到，接下来行动上便会有所变化吧。这是一个可喜的变化！

小 D 接着说："您别笑我啊，上次您提到'单面'和'多面'，有时我在想，会有一些人很幸运地永远处于'单面'的状态里吗？我也看过有的情侣或夫妻看起来一直美好如初的样子。假如真是这样，太羡慕他们了！"

咨询师回答说，我也不知道。

美国康奈尔大学教授辛蒂·哈赞（Cindy Hazan）在著名临床心理学家多罗瑟·劳（Dorothy Rowe）的协助下，在二十世纪做过一项研究，她们历时两年调查了 37 种来自不同文化的 5000 对夫妇，并进行医学测试，得到的结论是：18 至 30 个月的时间已经足够让男女相识、约会、结合和生子。之后，双方都不会再有心跳及冒汗的情况。哈赞说，"真爱"的保鲜期一般是 18 至 30 个月，在这期间，大脑中会分泌出很多"化学鸡尾酒"——多巴胺、苯乙胺和催产素等。可是，时间长了，人体便会对这种物质产生抗体，基本上两年左右趋于失效，之后要么分手，要么让爱成为习惯。

"那这之后就没有爱情了吗？"小 D 追问，对探讨很感兴趣。

"哈赞还说了，爱情其实是一种精神状态，几年后，爱情走了，但你可能仍然喜欢他。所以，仍有人可成功跨越 30 个月的爱情，婚姻维持超过 50 年。"咨询师回答说，"哈赞教授更多是从生物学意义上对爱情进行了解析，但是人是集生理和心理于一体的高级且智慧的生物，而且有着不同经历的个体对爱情的侧重和体验千差万别，所以不能光从生物学层面来看，个人认为你的问题要涉及'什么是爱情'了。你认为什么是'爱情'呢？"

"嗯……相互喜欢，在一起很开心，愿意在一起……我不确定。您认为爱情是什么？"小 D 说。

"对于爱情是什么，古今中外有林林总总的说法，其中一种说法是来自于美国心理学家斯滕伯格的，他认为完美的爱情包含三个要素：亲密，激情和承诺，我比较赞同这个说法。我们通常所讲的爱情可能是激情的成分多一些，而激情往往主要是由于上面提到的那些化学元素促成的，如果一定要用科学研究来讲的话。人们往往容易忽视另外两个要素，即'亲密和承诺'，从某种意义上，这两个元素可能更能代表'人'。"

我们平常会看到，夫妻之间的感情，往往是经年累月，经常要经历人世间的各种压力、挫折、诱惑，在这种情况下，两个人却能一直走下去，直到生命的尽头，这是一种"排他性"的感情，而"排他性"是爱情的标志特点。因此，这种感情不也就是爱情吗？

爱情，是永恒的话题。

04　怎么找回爱的感觉

很多来访者都很想从咨询师这里得到所谓的"方法""秘诀"，小 D 也是这样，所以，他用渴求的眼神看着咨询师，问："我们这种情况，怎样才能很好地相处下去，甚至重新找到当初那种爱的感觉？"

"哦，这是一个非常好的问题。我还记得你说过，前面你们之间的关系已经有了一些好的变化了，不过，好像我并未告诉过你该怎么做……再回想一下，你是怎么做才有这样的变化的？"咨询师微笑着问他。

　　小 D 沉默了片刻，像是若有所思，最后笑了起来。他最了解他的妻子了，从一开始的"单面"的她到后来的"多面"的她，他也最了解自己能够做些什么，如果他想要和她走下去，想要那种"爱的感觉"，他就会有他自己的各种"办法"，在这个信息相对开放发达的社会，他也会有各种途径得到各种"方法"。然后，他会小心地一一去试，对他的目标有用的他会留下，最终形成处理自己和妻子之间关系的独特的"真经"。对很多人来说，本着一颗"爱"的心，用每一天去"恋"，两颗心才会越来越近，越来越暖吧。

　　结束咨询大约两个月后的一个周末，咨询师收到小 D 发来的消息，他说他和妻子正在父母家里，大家其乐融融，这温馨的一刻是他失而复得的美好，他和妻子的关系有了很大改善，他相信会越来越好。

咨先生与询小姐说

　　恋爱的时候你侬我侬比较自然比较容易，而在接下来的婚姻中还能延续这份两性之间的美好，则需要我们一生持续不断的努力。事实上，我们没有办法仅仅去接受对方身上我们喜欢的而去掉我们不喜欢的，因为它们本来就是一个整体。因此，也许接受对方就意味着，首先要去接受对方的一切，包括你喜欢的和不喜欢的；有了这个基础，双方才能实事求是地看到自己和对方的各种特点；接下来，去分析这些特点中哪些对彼此的关系具有建设性，哪些具有破坏性；然后，看是否要对这些特点做相关的调整。

婚姻中，我可以独自去旅行吗

晓芙

> 人生就像一条长河，弯弯曲曲，流经不同的地方，呈现出不同的风景，这些不同的风景源于不同的土壤。我们无法要求土壤都是相同的，因此风景也不会一样。重要的，不是风景是否相同，而是每段风景在自己的眼里都是不错的，甚至是美的，令人惬意的。

很多人都喜欢旅游，因为旅行的确可以为人带来很多收获。除了了解和体验当地的生活，欣赏自然风光，增长见识，还可以品鉴美食，强身健体，或许更重要的是，在旅游当中的无拘无束感，让我们能尽情地释放自己，从而有益于整个人精气神的充分舒展。据研究，一次高质量的旅游对人的积极影响可以持续很久。然而，每一次旅游是否可以高质量，是否可以给我们带来预期的影响，还是要取决于各种因素。

01　旅行时在"天堂"，回家后进"地狱"

小 W 在公司中午休息的时间给咨询师打来电话，约好第二天下班后过来"谈谈"。第二天她准时赴约，人看起来有点萎靡不振，但凭着栗色的短发，精致的妆容，和一身得体的职业装，给咨询师的总体印象还是属于做事干练的女孩子。经了解，小 W 二十八岁，是公司白领，中等收入水平，已婚且有七个月大的儿子。除了工作，平时她有一大爱好：旅游。

所以，一直以来，最长半年时间，不管是去国内还是国外，她至少得出去旅行一次。一个月前她和小姐妹去了一趟泰国，热带的美丽风光，异域别致的吃喝玩乐都让她尽情享受和释放了一把，人也随之变得轻松很多。

这本来听起来很好，但这一个多月来，小 W 过得非但不好而且深感抑郁，主要是婆婆对她这次九天的泰国行非常抵触，在家里日常生活中，大大小小的事情都能和这次旅游扯在一起。婆婆认为她结婚有孩子了还一个人出去玩，不顾家庭且浪费钱，非常不懂事，没有责任心。小 W 则认为，因为备孕怀孕产子，她在结婚以后将近两年的时间里面都没出去旅游过，这次是第一次，旅游能够让自己感觉变好，重新充满活力，从而更好地照顾家庭，更好地工作。况且，就因为结婚有孩子了，就不可以自己出去旅游了吗？因此，心里对婆婆的想法和态度颇为反感，婆媳关系弄得很僵。小 W 要咨询的问题是：根据她的情况，她自己单独出去旅游对不对？面对现在自己和婆婆之间很僵的关系她该怎么办？

小 W 讲完后用求助的眼神望着咨询师，咨询师对她说，"是啊，让人感觉真的很难，但同时也是很好的问题，让我们一起来具体看看你的这件事。"

02　也许真正的焦点不是该不该独自出去，
而是对待这件事情的方式是否妥当

"在你之前的叙述中，你一直都没有提到你的丈夫，他对这件事是什么态度？"咨询师问。

"他并没有为旅游的事批评我，只是对于现在不和谐的家庭氛围比较厌烦，对我也没有好脸色。"小 W 皱皱眉说。

"在最后决定旅游之前，你是否和丈夫商量过呢？"

"没有，我确定计划之后告诉他的，他也没说什么。和他认识之后我也多次和小姐妹一起出去旅游的，他应该习惯了。"

"那么，有没有和婆婆商量呢？"

"没有，告诉老公之后才跟婆婆讲我要什么时候出去的。"

谈话中，咨询师观察出，小 W 并未感觉自己这么做有什么不妥，也许真是习惯了吧。然而，这里涉及一个很重要的处理事情的方式：先斩后奏。这种方式不是任何情况下都可以用的，特别是涉及多方利益或有多方牵扯的情况。

"先斩后奏"一词原指臣子先把人处决了，然后再报告帝王。现比喻未经请示就先做了某事，造成既成事实，然后再向上级报告。在某种特殊的情况下，这么做，的确可以带来很好的效果，但大多数情况下，并非如此；除非情非得已，一般情况下不太适合用这种方式。那么，为什么呢？

因为这样做会让相关的人有强烈的不被尊重的感觉！从心理学上说，每个人内心都渴望得到别人的认可和尊重。一般在正常的社会生活中，个人存在的价值，即个人的想法理念或者事业成就先得到别人的认可，别人才会给予自己生存生活所需的资源，与此同时，因为得到了别人的认可，自己会觉得自我价值得到了体现，自己是个有用的人。美国教授卡梅伦·安德森（Cameron Anderson）曾在《心理学公报》上说："无论何时，不被人重视会令人感到很受伤。"很多情况下认可即表示尊重。很多人想拥有豪宅豪车，是为了享受？炫耀？究其内心根本需求是为了得到认可和尊重。甚至一些人，倾其一生所追求的不过是外界对自己的认可和尊重，这样做对个人的成长是否合适暂时不论，但其重要性可见一斑。

小 W 和婆婆、丈夫生活在一起，他们的生活细节息息相关，而到国外去旅游这件重要的事情却并没有和他们预先商量，仅仅是自己决定了之后才通知到他们。丈夫也许还能接受，婆婆则会想，我在你的心里是什么地位？对长辈基本的尊重呢？有没有把我放在眼里？况且我还帮你带着孩子呢！因此，婆婆可能内心会有非常复杂和强烈的情绪，但是，木已成舟，即便不情愿，也不好意思硬要儿媳把所有预订的东西都退掉，取消旅游计划。

小 W 最后若有所思地说，"我当时还真没想到这么多，以前经常出去，都习惯这么做了。"

03 小 W 说：婆婆帮带孩子正常，她退休后也没什么事情做

小 W 之前跟咨询师提到孩子是由婆婆带的，所以，咨询师就这个话题，和她进行进一步的探讨。

平时小 W 和丈夫都是朝九晚五上班，丈夫基本上就是晚上下班回来会逗逗孩子，其他事情一概不管。小 W 在休产假期间一直都在照看儿子，婆婆主要负责家务。上班后，家里请了个钟点工帮忙打扫卫生和负责其他家务，婆婆的重心就放在孩子身上。小 W 白天上班很忙，难得有空打个电话回来问问孩子情况，下班后人也很累，照看孩子的时间也没那么长，所以，孩子渐渐基本都是由婆婆来带。婆婆很喜欢孩子，但有时也会抱怨年纪大了吃不消，累，没时间休息。小 W 和丈夫，有时会专门买点婆婆喜欢的东西以表体恤之心。

咨询师说，"我知道很多老人很愿意带孙辈，但同时，我也听说现在有些老人不愿意带孙辈。觉得自己辛苦了一辈子，孩子终于结婚成家了，自己生命里余下的时间没有很长，特别考虑到能自立自理的时间也比较有限，所以，很想按照自己的意愿来安排生活，想自由、轻松地享受晚年生活。对这些老人的想法，你怎么看？

小 W 想了一下，然后说，"对于这个，如果一开始老人提出这种想法，自己也是能接受的。只是现在看来，自己的婆婆还是蛮喜欢带孙子的，好像和这些老人的想法还是不一样的。"

是啊，老年人的想法也是各种各样的，小 W 的婆婆出于种种原因，选择帮小 W 他们带孩子，而这绝不等于小 W 他们可以在内心里和态度上理所当然地接受婆婆的辛勤付出，更不适合在言行中有所流露让婆婆有这样的感觉。事实上，带孩子的责任最终应该是小 W 和丈夫承担的，婆婆

帮忙带孩子可能有很多原因，但其中有一个原因是肯定的，那就是长辈对晚辈的爱。作为晚辈，或许对此应该在意识上有清晰的认识，并且经常怀以"以爱还爱"的感恩之心，最好能通过行动和言语让婆婆能感受到晚辈的这份心。每个生命都担负着责任，但责任是有界限的。

　　具体到小 W 这件事，是不是如果她之前能意识到这些，会更慎重地处理在当时的情况下她是否应该出去，如果出去，她不在家这段时间的事情怎么安排……比如基本的，出去之前的一段时间，和婆婆沟通，和老公商量，围绕孩子的安排，及遇到特殊情况该怎么办……而在咨询师的启发提问中，小 W 渐渐意识到自己此前对这些方面的考虑确实非常少。

04　小 W 人生发展的第七个阶段：生育感 VS. 自我专注

　　美国著名精神病医师，新精神分析派的代表人物爱利克·埃里克森（Erik H. Erikson）认为，人的自我意识发展持续一生，他把自我意识的形成和发展过程划分为八个阶段，这八个阶段的发展顺序是由遗传来决定的，因而是不可变更的。

　　简单地说，在人生的每个发展阶段，我们都有重要的生活任务需要去完成，我们也都可能会遭遇到成长的危机。如果我们能够积极顺利地加以解决和完成，就会形成良好的自我品质，顺利地进入下一个人生发展阶段；否则，将会影响我们进一步的发展或者将遗留问题带入下一阶段。

　　根据这个理论，小 W 正处于人生发展的第七个阶段——成年中期（25—65 岁），这个时期的主要矛盾是：繁殖 VS. 停滞，也就是，生育感 VS. 自我专注的冲突。在这个阶段，一般来说，人们将生儿育女，关心后代的繁殖和养育。埃里克森认为，生育感有生和育两层含义，一个人即使没生孩子，只要能关心孩子、教育指导孩子也可以具有生育感。反之，没有生育感的人，其人格贫乏和停滞，是一个自我关注的人，他们只考虑自己的需要和利益，不关心他人（包括儿童）的需要和利益。因此，这就在客观上要求人们去考虑怎样巧妙有效地处理生育感和自我专注这两方面的内容。

显然，小 W 在这个阶段需要更多地去平衡自我关注和生育感之间的关系，不论是在主观意识上还是在具体行为上。如果平衡得好，她将会形成很强的"繁衍感"，从而平稳地度过这个阶段。所谓的"繁衍感"，就是我们通过对下一代的养育照顾和教育，使生活更加丰富充实，同时，也拉宽了自己的人生图景。而"繁衍感"将最终会战胜这一阶段容易出现的"停滞感"，即感到人生空虚，没有意义。

在这次咨询里面，小 W 讲话不多，但是眼神很专注，会时常点头，偶尔也会提出问题。咨询师明白她的"天线"正有效地开放着，她正试图更多地去理解咨询师的话，这也是一种沟通。

整个咨询共进行了五次，结束咨询那天，小 W 目光柔和许多，神情也比较轻松。她说她现在在家里和婆婆相处的时候，脑海中不时会回想起我们之前咨询中的谈话内容，这让她不由自主地会更加理解婆婆，形式上，她会用一些女儿家的"小伎俩"使自己和婆婆更加亲近，关系也逐渐缓和。

咨先生与询小姐说

真正全身心沉浸于恋爱中的时候，我们想的很少，主要就是和心仪的人开心地、尽情地恋爱，这种强烈的感受对我们的身心有极大的冲击，或许一度会让我们认为这种感受会持续到永远。尽管人们的生活方式越来越多元化，但大部分人仍然是恋爱后结婚生子，所以，结婚后特别是生子后，人生会发展到另外一个阶段，我们对自身和对外界或许都会有更广更深的感受，总体关系更加微妙复杂，需要权衡考量的因素也逐渐变多。这就在客观上要求我们不但需要时时记起最初的那份"爱"，更需要在每个平平常常的日子里有技巧地去"恋"。

我有一个又懒又笨的婆婆

薛洋洋

> 婆婆，
>
> 一个神奇的称呼，
>
> 是妈也不是妈。
>
> 婆媳矛盾，
>
> 似乎是亘古不变的难题。
>
> 到底是婆婆又懒又笨，
>
> 还是媳妇过于苛责？
>
> 清官难断家务事，
>
> 我们不争对错与否，
>
> 但求婆媳和谐相处，
>
> 更求一家人和谐共处。

有这样一个故事，有一天，北宋大文豪苏东坡去找得道高僧佛印聊天，两人一起打坐，苏东坡对佛印说："我最近学佛很精进，你看我现在的坐姿如何？"佛印赞叹道："像一尊佛。"苏东坡听了很高兴。佛印接着也问道："那你看我的怎么样？"苏东坡为了压倒佛印，就答道："像一坨屎。"佛印听了也笑笑。苏东坡回去后很高兴，到处宣扬他胜了佛印。苏东坡的妹妹苏小妹听了以后，却对他哥说："哥，你不要再四处宣扬了，其实是你输了。"苏东坡不解。苏小妹继续说道："佛印心里有佛，所以他看谁都是佛。你心里有屎，所以看谁都是屎。"看似苏东坡赢了，实则是佛印赢了。苏东坡赢了表面，而佛印胜在了气度。苏东坡以挑剔的眼光看佛印，加上内心的好胜心理，认为佛印像一坨屎。而佛印以欣赏的眼光看苏东坡，内心装着一尊佛，看苏东坡也像一尊佛。这个道理很浅显易懂：我们看到的人和事，很多时候是我们内在观念的外在化身，未必是他们真实的样子。

01 "懒笨"婆婆驾到，儿媳妇苦不堪言

小 F 跟老公结婚三年，有一个一岁半的孩子，孩子是婆婆在帮他们带。小 F 因为觉得婆婆又懒又笨，为此经常责怪婆婆。她很烦恼，想知道该怎么处理跟婆婆的关系。

小 F 为何会认为婆婆又懒又笨呢？通过咨询得知，小 F 主要对婆婆做菜的方法和带孩子的方法不满意，而且认为自己已经教给婆婆新的方法了，婆婆总是学不会。她觉得婆婆不是学不会，而是懒——思想和态度的懒惰造成的。例如，婆婆烧牛肉，习惯用土豆焖牛肉的做法，而小 F 认为用西红柿烧牛肉更有营养、更好吸收，就让婆婆试着做了一次，小 F 尝后觉得味道不对，第二次的时候就让婆婆把材料准备好，说等她下班回来再烧。结果，等她回来时，看到的是已经烧好的土豆焖牛肉。婆婆解释说：怕他们回来晚了肚子饿，就先烧好了……小 F 大怒，觉得婆婆不但懒和笨，还跟自己作对。

另外，关于带孩子，就更不用说了，一些旧的带孩子的方法，婆婆都在沿用，比如给吃母乳的孩子喂大量水喝；不能做到每次喂孩子前都好好洗手；孩子摔倒了就拍打桌子椅子，说是桌子椅子的错；等等。小 F 跟婆婆讲了很多次，但婆婆几乎没什么改变。

还有啦，婆婆做家务卫生时，有些死角总是弄不太干净……

如此种种，让做儿媳妇的小 F 时而愤怒，时而无奈，身心疲惫。

02 积极面对矛盾，主动寻求帮助

婆媳矛盾在很多情况下难以避免，解决婆媳矛盾是门学问，需要我们每个人不断地学习和探索。小 F 跟婆婆在做饭和带孩子等方面存在分歧时，她首先敢于表达自己的想法，并和婆婆进行了初步的沟通，而不是憋在心里，任由矛盾扩大化；在解决不了和婆婆之间的矛盾时，主动寻求老公的帮助。然而老公这个法宝在此方面"失灵"，并未能提供很好的建议。小 F 仍然没有放弃，想到去寻求专业人士的帮助。她没有绝对化地高估自己的经验从而使问题固化和停滞，也没有回避矛盾，等到忍无可忍时在沉默中爆发。为了能够跟婆婆和平相处，她以解决问题为导向，选择多种途径去改善现况，而不是一味地怨天尤人。咨询师首先对小 F 的目的和选择给予了高度的赞赏。

03 婆媳矛盾产生的可能原因与启示

我们先来想一想婆媳矛盾产生的可能原因有哪些。除了世俗层面的原因，比如婆婆不是亲妈，亲不起来；媳妇跟自己抢儿子，好不起来。可能的原因还会有：

- 婆媳生活的环境不一样，饮食习惯等难免会不一样；
- 婆媳生活的时代不同，卫生习惯等难免不同步；
- 婆媳年龄不同，接受新鲜事物的能力等可能不相同；
- 婆媳个性不一样，对同一件事的看法就会不同；
- 婆媳受教育程度不同，对问题的看法肯定也不同。

有这么多差异的两个人，不要说是婆媳，就是亲闺女和亲妈妈，产生矛盾也是很正常的。

这些差异给我们的启示是什么呢？

那就是改变认知，求同存异，不做绝对化的要求。

美国著名心理学家阿尔伯特·艾利斯（Albert Ellis）于二十世纪五十年代提出合理情绪疗法，该理论认为引起人们情绪困扰的并不是外界发生的事件，而是人们对事件的态度、看法、评价等认知内容，因此要改变情绪困扰不是致力于改变外界事件，而是应该改变认知，通过改变认知，进而改变情绪。

那我们来分析下小 F 为何非常苦恼，原因除了不具备了解不同个体是不同的知识外，还有可能是内在的认知存在问题。小 F 认为婆婆又懒又笨，那我们先来分析下婆婆是否真的又懒又笨。如果婆婆真的又懒又笨，且小 F 也接受不了婆婆的缺点，那可以采用请保姆等方式照顾好小家庭。但现实的情况是，婆婆带孩子做家务做饭三不误，几乎没有自己的休闲娱乐时间，从传统意义上来看，这肯定不是个懒婆婆。那为什么在这种情况下，小 F 还觉得婆婆懒呢？这背后真正的原因是什么呢？

在小 F 看来，婆婆必须按照自己提出的要求做饭、做家务和带孩子，如果没有做到，就是因为懒而不愿意学，因为笨而学不会。这是一种绝对化的要求，也是一种不合理的认知和信念。

绝对化的要求是指个体以自己的意愿为出发点，认为某一事物必定会发生或不发生的信念。但事实是，人不可能在每一件事上都获得成功，他周围的人和事物的表现和发展也不会依他的意愿来改变，一旦某些事物的发生与其对事物的绝对化要求相悖时，他就会感到难以接受和适应，从而极易陷入情绪困扰之中。

其实，婆媳之间，除了存在差异之外，也存在很重要的共同目标，那就是爱着同一个男人和同一个孩子，同样想要经营好这个家。

在这个共同愿景的基础上，求同存异，或者接受对方的不同，或者以对方可以接受的方式提出建议，或者干脆对非原则问题睁只眼闭只眼，对岁月报之以温柔和耐心，也未尝不是一种生活的智慧。最重要的是，记得解决问题的方式永远是开放多元的，而不是唯一的。

04　了解老年人心理，多一些理解和释然

小 F 的婆婆已经步入老年期。老年期是指六十岁或六十五岁至衰亡的这段时期，一般来说，六十岁或六十五岁为老年期的起点。进入老年期后，老人会表现出以下特点：老年人的认知活动，尤其是感知觉和记忆能力通常会发生一定程度的退行性变化，智力也有所衰退；老年人的人格特征也会在很多方面发生重要变化，如不安全感、孤独感、适应性差、渴望受尊敬、拘泥刻板性并趋于保守及回忆往事。其中，适应性差表现为老年人不容易适应新环境和新情境，他们对周围环境的态度逐渐趋于被动，依恋已有的习惯，较少主动地体验和接受新的生活方式；渴望受尊敬是老年人的一种心理需求，老年人在社会中是弱势群体，对社会的"冷淡"很敏感，希望得到关心和尊敬，这是老年群体共同的心理特征。除了年龄的差别，还有一些其他方面的差别值得关注：婆婆生活在农村，和现在城市环境不一样，生活习惯肯定也会不一样；婆婆出生在物质贫乏的年代，很多生活理念和现在可能会不同；婆婆受教育程度低，没有科学的育儿理念和饮食习惯；婆婆的性子比较慢，解决问题时也会比较慢。

如果小 F 了解这些原因，再结合婆婆平时的表现，可能就会释然很多，婆婆主观上并未想挑起矛盾。婆婆在做饭、做家务和带孩子方面不按自己的想法来做，可能的原因是老年人记忆力下降，听到的事很快就忘记，更有可能是人格发生变化，呈现适应性差和拘泥刻板性并趋于保守的原因，还可能是性子慢的原因，所以改变原有的习惯比较慢。同时，小 F如果知道老年人内心很脆弱，特别怕被别人说没用，有强烈的受尊敬的需求，她就不会联合老公一起指责婆婆，这对为这个家牺牲自己晚年生活的老人而言很不公平，也很残忍。

当然，在日常生活中，不排除真有胡搅蛮缠、自私自利、顽固不化的

婆婆。如果是这种情况，另当别论。

05　学会积极关注，与家人和谐共处

所谓"积极关注"，是指在心理咨询过程中对求助者的言语和行为的积极面予以关注和肯定，从而使求助者拥有正向价值观。

硬币有正反两面。世间所有的人和事都不可能是完全好，或者是完全不好。对于小 F 的经历，咨询师对她进行了积极关注，虽然她对婆婆的某些认知并不客观，不太了解老年人心理，与婆婆相处不愉快，但是她主动向心理咨询师求助，想要寻找跟婆婆和谐相处的方法而不是选择放弃或者回避矛盾（比如长期隐忍然后集中爆发）。从这点上来讲，小 F 拥有一种健康积极的心态，这是值得肯定的。

小 F 也可以学习用积极关注的方法看问题：虽然婆婆没有完全按照她的要求去做，但她的优点也是显而易见的。

婆婆其实很勤劳，任劳任怨地帮助这个小家庭做饭、做家务和带孩子，几乎是"全包"——这不是所有的老人都能做到的。

对于烧牛肉的事情，婆婆曾经努力尝试按照小 F 说的方法做，只是小 F 觉得味道不对。第二次婆婆没有按照小 F 说的等她下班回来了再做，而是又烧了土豆焖牛肉，使小 F 没能吃到合胃口的饭菜，小 F 不愉快的心情可以理解，但如果用积极的眼光来看，六十多岁的人还愿意学习和尝试新的烧菜方法，这本身也很难得。努力尝试了却没能做出符合孩子口味的菜，她可能内心也很内疚或自责吧。

婆婆怕年轻人回来晚了肚子饿，就按照自己的方法先烧好了菜，这说明婆婆很关心小 F 两口子的身体，她不忍心孩子们辛苦了一天后回到家还要烧菜。

总的来讲，婆婆虽然有缺点，但也有很多优点，细想起来，能够体会到她对子女的爱护，但有时候也会"顽皮"。

同样的积极关注思维如果运用到老公和孩子身上也将会受益无穷。

小F口中的老公，在各种场合下都会无条件地站在她这一边，哪怕是为了媳妇而跟自己的亲娘吵嘴。虽然我们不确定是不是在任何时候都如此，但作为女人她感受到了老公的支持，而且这对她来说很重要。有这样的老公在身边，她不用体会孤军作战的滋味，也是一种幸福吧。

对于孩子更是如此，未来孩子会慢慢长大，不可能事事按照小F的意愿来做，在孩子做有违妈妈意愿的事时，了解孩子的心理，不做绝对化的要求，积极关注孩子的积极方面，这会有助于营造良好的亲子关系。

咨先生与询小姐说

有矛盾很正常，也不可怕，可怕的是回避矛盾。知己知彼，矛盾才能化解。接受不同，求同存异；积极关注，和谐共处。你和谁在交往，就要了解他那个年龄段的心理特征，了解他的性格特征，了解他生活的时代和背景，了解他的受教育程度，不会对他有绝对化的要求，用积极的眼光看待他，烦恼和误会自然会烟消云散。

我的老公得了焦虑症

晓芙

> 这是一个神奇的时代，它活力四射，充满挑战和机会，夹杂着令人躁动的因子。一波又一波的年轻人怀揣梦想闯入社会，借由纷繁复杂的事件不断历练、成长；而其中很多时候，失落与迷茫，无助与焦虑会如影随形。也许，有些人就此沉入谷底，梦想尽断；而有些人，经历蜕变，登得更高。

送走来访者，咨询师一边回顾思考着刚刚和来访者的谈话，一边整理着咨询笔记，任凭思绪蔓延。有些时候，咨询师处在相对中立的位置，很容易看到来访者的问题，而这个时候，却未必就是向来访者指出问题的合适时机。因为如果时机不成熟，这对来访者问题的解决没有益处，乃至完全不管用甚至起到反作用。为了预期的咨询效果，咨询师需要因人而异，适时地调整咨询节奏，就像刚刚的咨询，由于来访者情绪的反复，并没有按照咨询师的计划来走……

01 不速之客

这时，隐约听见轻轻的叩门声，"下面好像没有预约了。"咨询师暂停思绪，快速查看了一下日程表，疑惑着起身去开门。

门外站着一位清丽的女生，高高瘦瘦，笔直的长发垂于肩上，额前刘海略显凌乱，脸上神情焦急。一见到咨询师，赶紧问："对不起，请问××老师在吗？"

"我就是，您是？"

"哦哦，"她显得有些尴尬和抱歉，"不好意思，我知道您需要预约，但我实在太焦急了，我不知道该怎么办了，我需要立刻知道怎么办……"她有点语无伦次。

"没关系，请进吧。"看得出她的确备受煎熬，咨询师微笑着引她进门。

02　我觉得过不下去了

女生小 W 急切地讲出她的事情，期间，眼睛里时不时地涌出泪水。小 W 和老公很相爱，刚结婚一年多，老公年轻有为，半年前晋升为分公司总经理。这本来是件好事，可是自从晋升以来，老公一天天地变了模样：由以前的经常加班发展到天天加班；由之前的偶尔头痛发展到天天头痛；经常拉肚子，去医院也检查不出有肠胃问题；尿频，可是医院也没检查出泌尿系统疾病。原来意气风发的一个人，现在变得暮气沉沉不说，在家里还经常坐立不安，动不动就发脾气，像一个定时炸弹一样。小 W 不得不处处小心谨慎，生怕踩了地雷。

因此，这半年来，小 W 深受影响和煎熬。凭直觉，小 W 觉得老公可能健康有问题，但她却控制不住自己的委屈情绪，经常与老公吵架，同时，小 W 觉得这样下去，日子还怎么过，是不是只有离婚了。

"你这段时间心力交瘁，非常难过，感觉自己无法承受了，所以你非常着急地来找我。"咨询师向她投去温柔而理解的目光，想让她知道自己非常理解她的感受，小 W 深深地点点头，"嗯"了一声。

咨询师接着说："但是很多时候，当我们知道正在发生的这件事情究竟是什么的时候，我们就不会那么害怕，因为基于此，我们就有了预期的目标，接着会去探寻它的解决方案。"

"嗯，是这样的，"小 W 想了一下点头同意，神情也稍微放松了一点，继而询问地看着咨询师，并直入主题："您看我老公是不是心理上有什么毛病了？"

"根据你所说的情况，我初步判断他是焦虑情绪，焦虑的具体程度，需要你老公本人过来，做一下测表。"咨询师也很直接。

小 W 说，应该没什么问题，并且和咨询师约了下一次见面的时间。

03　我内疚，但我控制不了自己

小 W 和老公小 D 如约而至。

小 D 身形高大，但略显虚弱，脸色憔悴。他坐在沙发上，起先怔怔地看着咨询师，随后第一句就说："很多时候，看着她因为我难过，我暗自下定决心，下一次不要这样，她爱我，我要好好地对她，让她开心、快乐地生活，可是下一次，我又这样了，我实在控制不了自己！"他看起来非常沮丧。

"你经常因为控制不了自己而深感内疚；同时你也想做得好一点，让她跟你在一起的时候感到轻松，感到幸福。你非常努力地想去做，却怎么也做不到，这让你感觉自己很没用，也很无助，是这样吗？"

"是啊，的确是这样，每当此时，我觉得好累好累，都快崩溃了……"，小 D 做出痛苦的表情。咨询师轻轻地点了一下头，示意他继续说下去。

他接着讲起自己日常工作的"压力山大"。他晋升后，那些资历久、年纪大但是没能晋升的高管，阳奉阴违，不但不配合他的工作，还处处跟他作对；再加上总经理的岗位本身压力就大，使他不得不拼命工作加班，想换取工作的顺利进行，想通过好的业绩来让老员工服气。他知道这需要一个过程，以他各方面的能力，他也相信工作方面可以一天天改进提高，但他还是感觉未来太"重"了，想起来就焦虑不已，他感觉真的很累……

小 D 的基本情况非常符合广泛性焦虑的特征，病程历时半年。焦虑表现有精神性的，例如紧张，烦躁，发脾气，经常处于高度警觉状态，提心吊胆，如临大敌；有时候自己意识到随着对工作的熟悉、适应和自身工作能力的提高，他是可以胜任的，也不用为将来的工作状况太担心，但是他还是忍不住不住焦虑担心。躯体上的表现有坐立不安，头痛，失眠，拉肚子却没有器质性问题……

待小 D 说完，咨询师起身拿过焦虑量表作简单说明，然后让他去做一下，结果显示为重度焦虑。咨询结束时，咨询师建议他去医院复查确诊，并且根据医生的意见看是否需要服药，他讪讪地答应着，拉着小 W 一起离开了。

04　我无法面对

之后的进展，并没有前面的顺利。小 W 诉说丈夫不肯去医院，因为无法接受把自己跟精神疾病联系在一起；接着是好不容易在劝说下去了医院，医生也诊断为重度焦虑并且开了抗焦虑的药物，他吃了一次之后，便拒绝再服药。小 W 劝他服药，他竟然跑出去一夜未归！小 W 因为丈夫的健康问题，几乎夜夜失眠，也快到了崩溃的边缘，咨询师让小 W 试着再一次劝服小 D，约时间和他一起过来。

第二次见面，小 D 看起来基本上没什么明显变化。

简单寒暄后，咨询师小心地问："你为什么不按照医嘱吃抗焦虑的药呢？"

小 D 沉默了一小会儿，幽幽地回答说："我感觉就是无法接受自己得了焦虑症，认为自己只是有些焦虑……最主要的是，我感觉好像不吃药就跟焦虑症没有关系了，虽然我知道这样也许很好笑……"

"对了，你刚刚进门的时候第一眼看到我是什么样子的？"咨询师突然说。

"嗯……您缓缓地打开门，温和地对我们微笑，穿着绿色的衬衫……"小 D 侧头回忆着，同时也露出一丝疑惑的神情。

"现在的我是什么样子的？"咨询师又微笑着问。

小 D 先快速地上下打量一下咨询师，然后说，"和刚刚一样啊！"

"你真的能看到我，并且确认我和刚才是一样的吗？有些人说当我坐下和他们谈话的时候，他们感觉就看不见我了，他们这种说法，会让我难以理解。"

"您坐下就看不到您了，这怎么可能呢？"小 D 一脸惊诧。

"也许他们说看不见我的时候，当时是他们正闭着眼睛吧。可是事实上，就如你现在看到的，我坐在这里，丝毫未变，前提是你需要睁开眼睛，面对着我。"

"……"小 D 仿佛不知道该说些什么，低着头，若有所思。

"有些人、有些东西、有些事情就在那里，不会因为你闭上眼睛它就不见了，真的不存在了，是不是呢？"咨询师说

"……"小 D 仍然沉默不语。

"让我们看见它，去了解它……"

过了很长时间，小 D 才抬起头，重新看着咨询师："老师，我明白您的意思。"

咨询师目送他们走进电梯，真诚地期望接下来事情的发展能稍微有些正向的变化。

05　双向治疗

当晚，小 W 告诉咨询师，她老公小 D 决定按时服药和到医院复诊；同时他感觉自己"有点乱"，需要帮助，希望再单独和咨询师约几次。小 D 能这么做非常好，如果按照医嘱坚持服药，药物基本上可以阻断他焦虑的恶性循环；而心理的深度咨询，可以让他清除内心真正的困扰，让他的内心重进光明，给予接下来行动的勇气和力量，也许还会有我们一起探讨出来的、应对日常生活和工作的、对他而言的最适当的方法。

后面咨询师安排了八次咨询。前三次予以情绪的深度宣泄，同时对小D的总体情况做了梳理，他反馈，感觉"头上的乌云逐渐散开""精神上轻松了许多"，对自己各方面的情况也"逐渐清晰了许多"。后五次，运用焦虑心理和情绪治疗工具并配合家庭作业，侧重于焦虑的逐步缓解和降低。

其中，正念疗法在这里起到了很大作用。正念疗法的核心就是"对此时此地有意识地、不评判地注意，以接纳、不加判断的态度，清醒地觉知包括外界刺激、躯体感觉、内心的情绪和想法等。无论观察到的内心体验或外部刺激是好是坏、是喜欢或厌恶，观察者都以接受的不批判的态度看待，不去试图改变或消除它"。即真正地接受焦虑的共存，不在情绪上作任何对抗。如此，焦虑感觉或症状会逐步减轻。

咨询师可以感觉到小D在咨询期间付出了极大的耐心和努力，一切都在有效地进行。的确，他的进步非常大，倒数第二次咨询的时候，小D告诉咨询师"工作时和回家后我的情绪都基本能平稳"，虽然偶尔焦虑情况还会反复，但他"已经不是很担心了"。他也很少失眠，工作能有序地进行，人际关系好了很多，妻子虽然时常还会为他担心，但他下班后，许多时间都能看到妻子的笑脸，这让他很开心。这些，也让咨询师深感安慰！

咨先生与询小姐说

事实上，浩渺长空，宇宙之大，每个人包括其他生于地球的万物生灵看起来都是何其渺小。不仅如此，由于先天和后天的种种原因，我们本然地都会带有各自的局限性，这让我们很多时候很难做到所有自己想要做到的事情。

如果在某些时候，我们感觉到自己已经用尽了内心所有的能量，却仍然深陷困局之中，也许需要拓宽思路去看看：我真的用尽了我所有的"资源"了吗？请注意，"资源"不仅存在于一个人的内部，还存在于外部。

第 3 章

富足时代：焦虑的父母与『难教』的孩子

我把自己的遗憾、失落和害怕

变成了期待

想让孩子替我去实现

可孩子，只想有一个好好玩的童年

孩子成长中的真相与心相

宋素霞

眼睛看到的不一定是事实，或者不一定是全部事实。

因为，事实既包括真相，也包括心相。

而大部分人只是看到了真相，而忽略了心相。

我们了解自己的孩子吗？想要了解孩子，就从思考孩子成长中的真相和心相开始。

每次在正式开始父母成长课堂之前，我都会让来听课的家长们先分享自己育儿过程中遇到的挑战。

"我的小孩太拖拉啦！"

"我的小孩只要不提学习，什么都好，我该怎么办？"

"我的小孩因为一点点小事就哭！"

"我的小孩不爱说话，一回家就把门关上。"

"我的小孩天天因为手机跟我发脾气，不给手机就不上学。"

"我的小孩胆子太小啦。"

"我的小孩注意力不集中。"

"我的小孩怕黑，一个人不敢睡觉。"

……

在课后，也有父母会问："老师，我这样做，对不对？"

对于这些勇于分享自己育儿困惑的父母，每次我都会真诚地给予极大的感谢与欣赏，我从他们身上有时也会看到自己的影子。他们点点焦虑的背后有一份做父母的责任，同时我能感受到他们想要做得更好的心。

　　作为父母的我们在育儿过程中确实经常会遇到困惑，似乎很多家庭都有一个“熊孩子”。为什么会有这么多的熊孩子让我们有时候想抓狂，有时候又能量耗竭，精疲力尽，万念俱灰，心生焦虑而惶惶度日呢？是我们的孩子不好教，抑或是我们不会教，还是其他什么情况呢？

　　今天，让我们来看看儿童成长过程的“真相”与“心相”，有一些问题是孩子成长中的真相，是孩子表现出来的外显行为，我们看到的事实确实是这样；但在事实行为真相背后，可能还有我们看不见的，是孩子的心理成长发展规律，即心相。

　　美国著名的家庭治疗师先驱维吉尼亚·萨提亚（Virginia Satir）曾经说过：问题本身并不是问题，如何应对才是问题。这句话已经成为家庭治疗流派里一句非常流行的信念，启发着越来越多寻求帮助的人。

　　人本身就是如此复杂和奇妙，从襁褓中的婴儿发展到一个适应社会的人，需要经历很多阶段的发展，在这些发展变化中可能会有很多挑战出现，加之大部分的父母都没有经过专业的训练，故而养育孩子有可能是这个世界上最艰难的事情。养育孩子的过程真相可能就是问题一个一个地出现，然后发展，解决，完成；出现新的问题，发展，解决，完成，如此循环上升，最终孩子发展成为适应社会的人。所以做父母的需要具有问题预期，而无须把问题问题化，须拥有解决问题的思维，而不是陷进问题里。我们来看看问题究竟是什么，是我们发现了问题还是我们创造了问题。

01　熊孩子成长中的阶段性问题

　　真相：我家有个小侄子长得特别可爱，不管走到哪里都能吸引到人。某一天，突然学会了说“脏话”，你跟他讲任何话，他回答你的都是“你

是傻 ×"，就是我当时跟他互动都觉得非常尴尬，更别说那些热心的邻居们了。不过好在孩子小，话说得不是很清楚，他妈妈也在旁边打岔，人家也配合一下假装没听懂，也就过去了。他妈妈把他关在家里狠狠地教育很多次，威逼利诱种种手段，但效果甚微。以至于那段时间家里人都不敢带小家伙出门了，碰见邻居都要绕着走。大概过了有将近一个月的时间，从小家伙的嘴巴里又突然听不到那句脏话了。

心相：这是不是个问题呢？在那个阶段中，确实看起来是个很大的问题：这么小的孩子就骂人，说脏话，将来可还了得？孩子妈妈都抓狂了。当从发展和成长的角度去认识孩子，我们了解到有些孩子在发展语言的过程中有一个"脏话敏感期"，家长可能会释然很多。孩子在成长过程中逐渐体会到了语言的神奇力量，有的孩子觉察到一些语言尤其有力量，比如成人认为的脏话，或者一些忌讳的言辞，成人听后反应越强烈，孩子就越喜欢说，越不让说，越要说。这时，对孩子来说，关注可能是最大的强化。

在孩子七岁之前，是发展成长最关键的时期，也是发展任务最多的时期。发展过程中会碰到一个又一个敏感期的问题，一旦敏感期到来，孩子就会执着地做某样工作或重复某样行为以获得某项心理或者行为的技能。比如孩子长到两岁左右，著名的"terrible two"（麻烦的两岁），这个时候孩子大脑中的神经元急剧发展，且各个区域发展不平衡，独立的自我意识发展需要通过语言和行为来确认自己的自我意识。但是负责孩子情绪自我管理的那部分大脑还在发展中，这时候孩子的情绪可能会非常的不稳定。

如此，在亲子教养过程中，常会出现焦灼的情形，比如有的孩子上下眼皮已经粘在一起了，父母哄其睡觉，他还会用微弱的力气说"不要睡觉"。还有的孩子什么事情都非要自己干，常常跟大人反着来，而且非常有情绪，为自己做不到的事情而大发脾气等，父母就会觉得养孩子好累啊，我们的孩子怎么如此难照料，甚至会认为孩子是故意在跟父母作对，对孩子心生误解。来看看我们的"俗语说"：三岁四岁讨人嫌，五岁六岁万人烦，七岁八岁狗都嫌。这其中的"嫌""烦"都在表达父母对待孩子的一种状态，然而这背后可能是一种深深的误解，甚至有时候认为孩子的某些不受父母欢迎的行为是故意为之。

人的童年期是一个为进入社会和适应社会而准备的时期。儿童的准备从对自己和对这个世界的好奇开始，一刻也不停地进行着探索和练习。这个过程中，孩子可能会出错，或者没有达到成人的期待，或者在大人看来是个与众不同的孩子。而成人可能已经忘记了自己小时候是如何长大的。如今做了父母，似乎就自动拥有管理和教育孩子的权力，还有些父母有了家长作风，但他们其实并不了解孩子将如何长大，基本上采取随机的或者随大流也可能是攀比的教育方式，这中间必然会有一部分孩子出现不适应，从而问题就会产生。

另外，大人的生活可能已经有了自己的节律，或许大人自己也在经历某种压力。本来平衡的状态并不希望被孩子打破、扰动，只是希望孩子安静、专心、听话、乖巧、努力地长大，最好能像个机器人一样。本身有压力的父母也很难在生活中细心地观察孩子，耐心地鼓励孩子，更做不到陪伴孩子度过成长中的特有困难时期。

当成人不理解孩子成长发展规律背后的问题，没有耐心陪伴孩子一起经历某些成长的时候，孩子的外在状况反而被当成问题本身。

但咨询师强调，发展中的问题不是问题，问题是需要爱、了解与耐心。

02　孩子的四种天生气质

每个孩子都是不同的，孩子的天生气质大致可分为四类，当然成人也是如此。

第一类：乐天派的孩子。典型特征：非常注重人际关系，乐观热情，兴趣广泛。

第二类：完美型的孩子。典型特征：做事认真专注，敏感，注重细节。

第三类：逻辑型的孩子。典型特征：逻辑性强，爱思考，冷静。

第四类：激进型的孩子。典型特征：目标性强，精力充沛，执着。

在养育孩子过程中，亲子之间存在天生气质匹配度问题。大多数父母会按照自己曾经被教育的模式和自己的期望去养育孩子而不是顺着孩子的天生气质去养育孩子。

真相：橙子一开始是个很有趣的孩子，讲起话来生动有趣，全小区的小朋友们和奶奶们都认识他，妈妈带他出一趟门，就听见他不停地跟见到的奶奶们打招呼，还要问问人家的小朋友在家里干吗。妈妈回家就开始教育橙子，认为小朋友有礼貌是可以的，但无须太过热情了。要认真学习，认识这些奶奶们有什么用，整天就是知道瞎玩；希望橙子坚持学习一项非常厉害的本领，但是橙子实际上已经换了七八个兴趣班了，橙子目前就是今天对这个感兴趣，明天对那个感兴趣，妈妈认为他毫无定性，为此也苦恼不已。

通过了解得知，橙子的妈妈在学生时代是个大学霸，如今在企业上班也是事事上进，并力争做到完美，对于自己的孩子也是百般期待。但对于橙子的种种行为表现实在感到无奈与不解，有时甚至怀疑孩子是当初在医院抱错了。

在幼儿园的时候，橙子也是经常因为没有得到小红花回家后伤心难过，妈妈就说："哭有什么用，想要就去争取啊。"

但是橙子下次依然得不到，因为在幼儿园的时候他特别喜欢讲话，老师很不喜欢这样的行为。如今橙子的妈妈觉得橙子在学业上毫无动力，每天只知道玩那些无用的东西，为此非常的忧愁、担心。

妈妈一直希望橙子做一个认真、专注、有定性的孩子。而橙子恰恰就是兴趣比较广泛，对于开始一件事情有很大的热情，但做了一两次以后就没有了兴趣。他拥有的品质妈妈都没有看见，妈妈还是按照自己的期待在教养他。橙子妈妈对橙子严加管教，制定很多的规矩和制度，但橙子做事似乎永远达不到妈妈的要求，长期生活在打击批评中，橙子从一个开心快乐的孩子，变得封闭，唯唯诺诺，事事拖延，由此妈妈更加着急，气急了免不了还要揍他一顿。

孩子的自我价值感、自尊、自信和成长动力、学习动力从哪里来？一个孩子成长到七岁左右，与养育者已经进行了千万次的互动，在每一次互动中，成人给孩子的反馈，都会作用于孩子这个生命体。如果每次孩子的行为都得不到肯定，甚至遭到无情的打压，那么孩子会很迷茫，甚至有时候不知道自己哪里做错了，只知道自己就是做得不好，这样的信念形成后，会阻碍孩子正常发展。一个自我力量弱的孩子，在生活中会显得毫无生气，没有动力，害怕犯错，事事拖延；一个自我力量强的孩子，容易冲动，莽撞，惹麻烦。在某些事件中如果孩子曾体验到强烈的负面情绪还可能形成创伤，形成一个结，锁住自己自然发展的内在能量。因此，做父母的成功之处在于，肯花时间花精力去了解孩子，懂得孩子，看见孩子正在做的事情，从中发现优秀的品质，进行提炼，然后反馈给孩子，而不是一味地要求孩子按照父母的期待和意愿去行事。

心相：橙子的妈妈是典型的完美型的妈妈，做事情深思熟虑，有计划性，认真，专注，持久；而橙子则是具有乐天倾向的孩子，热情，开朗，行动力强，注重人际关系也享受人际关系，但没有计划性，做事三分钟热度。橙子与妈妈有很大的不同，不同本身并不是问题，问题在于，作为家长的妈妈要求孩子达到自己心目中期待的样子。天生气质本没有好坏之分，但父母与孩子不一样的时候，尤其是有很大冲突的时候，这就需要父母更多地学习和观察自己的孩子，找到亲子之间互动的最佳方式。

　　每个人都有自己的特点，特点犹如一枚硬币，有正反两面，一面可以看到正向、积极，另一面可能看到不足与暂时落后。父母最重要的能力，就是能发现、重视并聚焦孩子的优势一面，这是一种选择的能力，也是一种仁慈和善良。把注意力和欣赏放在孩子优势功能上，这是孩子的幸运，也是父母的幸运。当我们做父母的在亲子关系中遇到冲突和困境时，记得我们是有选择的，我们要选择去发现孩子百分之一的优点，然后把注意力放在如何协助孩子把这百分之一的优点发展成为百分百的优势功能，如果能这样，做父母的就真正成功了。那应该如何协助呢？就是用爱和支持的态度，去发现，去呵护，去鞭策，同时会知足，因为永远不满足的父母很难养出一个积极健康的孩子。

　　当然，不管哪种天生气质的小孩，都希望被自己的"重要他人"看见，如果能得到欣赏和肯定就更好了。

03　每个熊孩子都是对爱饥渴的孩子

　　真相：小 Q 十二岁，男孩，如果继续上学应该是五年级了。他身体微胖但看起来并不健壮，皮肤有点暗黄，默默地坐在沙发的一角。我俩一开始的交谈非常的困难，所有的语言都没有回应，他小心翼翼地瞄了我一眼之后，陷入长久的沉默。同样，我没有催促，也没有再提问，就这样静静地陪着他。快要结束的时候，我说："谢谢你，今天一直待在这里，我感受到了你对我的信任，当然我也感受到了你还需要一点儿时间来准备，我会一直在这里，等待你下一次的到来。"这些话我说得很慢，希望能符合他内在的节奏。

　　后来在我们的游戏工作中，我慢慢知道了他的成长故事。他六个月大的时候，父母外出打工，把他留给了在老家的奶奶照顾。奶奶的观念中，干活儿是最重要的，如家里的家务活、田里的农活都是非常重要的，所以奶奶经常把他一个人留在家里，自己到田里去干活。在他大概四五岁的时候，有一次他一个人在家里玩耍，看见一只嚣张的老鼠从他的床上经过，被吓得喊破了喉咙，但并没有人听见他的哭喊声。七岁的时候来到父母打工的城市上小学，因讲着一口浓重的家乡话而被同学嘲笑，没过几天奶奶因为无法适应这边急促的生活环境，回了老家。开学没到一个月，老师就找父母谈话，老师列举了孩子无法适应一年级生活的种种行为，希望父母多管教孩子，尽快帮助孩子适应学校的生活，不能拖班级的后腿。父母回家二话没说就揍了他一顿。后来老师每告状一次，小 Q 免不了要被爆揍一顿，后来也有同班同学陆续上门告状，有被"偷"橡皮的同学，有被撕书的同学，有被吐口水的同学，有被拉辫子的女同学，也有被他诱惑一起做"坏事"的同学的父母。慢慢地，班级里一有什么不好的事情，比如班级在各项评比中得不到名次，比如班花心情不好，大家矛头总是指向他。到了三年级，原来到处惹是生非的小 Q，在班级慢慢地变得沉默寡言，老师和父母都认为他是长大了，懂事了，变乖了，到了下学期小 Q 因为一次生病，请了半个月假之后，就慢慢地不想去上学，后来断断续续地去，再后来到了四年级就彻底不去了。一年多以来，父母所有的努力就是希望孩子继续上学。

是的，我们知道了他向同学吐口水，撕别人的书，干扰别人的学习等这些熊孩子的恶劣行为。但我们可能没有看到同学私下里对他嘲笑的表情，我们没有看到那些来自自我感觉良好的同学的抱团鄙视、挑衅。在这里没有人支持他，相信他，相反似乎有人会在等待用小 Q 的某些出格的行为来证明自己是个"好孩子"。小 Q 孤立无援，不知道可以向谁微笑，也不知道可以向谁求助。在这样紧张、高压、不安全的环境中人的行为大多可能是应激的，混乱的，破坏的。我在想，小 Q 这些所有的行为，不过都是为了努力活着，确认他是在群体里的。

心相：可以肯定地说，确实有教养失当这回事，儿童在成长过程中，不断地遭受无法及时修复的创伤。累积的负面情绪会使儿童内在感到痛苦，当儿童感到痛苦的时候，基本上会采取两种方法来缓解：一种是把情绪和不安向外释放，表现为问题行为，比如极度的焦躁不安，过度的活跃，挑衅或者毫无目的的行为涣散；另一种是把痛苦指向内心，常常表现为抑郁、焦虑、恐惧等。从现有研究结果来看，这两种方法是会相互转换的。

反推回来，每一个有问题行为的孩子，都正在经历痛苦，痛苦源自于没有感受到被爱。故而每一个熊孩子都是缺爱的孩子，也都是可怜的孩子，他的每一个出格的行为都是在呼救。在其努力成长的经历中，可能被抛弃过，被严重忽视过，被同伴甚至重要他人长期嫌弃着，在他们生命需要阳光雨露的时候可能迎来的是电闪雷鸣、风雨交加。小 Q 六个月的时候，母亲在某个凌晨悄悄地离开了小 Q，鬼知道小 Q 从睡梦中醒来都想了些什么，除了被巨大的恐惧包围，可能还有困惑，也许是濒临死亡的感觉吧。一个被老鼠吓破胆的儿童，心情又该是怎样的绝望呢？面对七年没有养育自己的父母对自己的不满、挑剔、打骂，深深埋藏的委屈和愤怒的出口又在哪里呢？对新生活充满期待的儿童又迎来同伴的嘲笑和羞辱，那种孤独无助和绝望何处安放呢？

作为成年人的我们，父母、老师，或者正在遭遇熊孩子的人，我们可以做点什么呢？我猜测我们大家都已经做了很多，比如小 Q 原来的班主任是个典型的老师，对学生尽心尽责，一直在尽全力改变和修正小 Q 的行为，比如小 Q 父母对其苦口婆心的教育，对其失败之后的打骂和威逼利诱，甚至到最后的苦苦哀求。

我们是否可以真正为孩子做点什么？是的，到了我们可以做点不同作为的时候了。

请升起我们的怜悯之心，可能一个张牙舞爪的熊孩子背后有一颗奄奄一息的灵魂；同时我们也不知道沉默寡言的行为背后是否有一颗正在被一团熊熊烈火炙烤着的灵魂。

爱因斯坦曾经说过：直到最后我才明白宇宙中一切能量的源泉竟是"爱"。我也终于想明白了，唯有爱，才是药。爱是一种温暖而智慧的方式，肯定的眼神，欣赏的表情，鼓励的话语，温暖的怀抱……爱又是无形的，如同氧气，可能看不见，但能感受到，离开了就活不好，也活不了。请让我们给那些有问题行为的儿童多一点点耐心，多一点点空间，多一点点接纳。

让我们记住，人世间，没有不想美好的灵魂。

? 咨先生与询小姐说

儿童成长中的阶段问题具有普遍性，家长需要理解和关注儿童发展中的敏感期问题。

关于儿童天生气质，理解是最大的仁慈，请父母在碰到问题后仔细了解自己和孩子的气质类型，做到因材施教。

关于儿童发展早期的创伤问题，唯有爱与智慧才能修复一个受伤的又积极向上的灵魂，什么时候开始都不算晚。

孩子最好的心理营养是爸爸妈妈彼此相爱

宋素霞

哈里·哈洛（Harry F. Harlow, 1905—1981），美国比较心理学家，他曾做过一个非常著名的"代母养育试验"：哈洛和他的同事们把一只刚出生的婴猴放进一个隔离的笼子中养育，并用两个假猴子替代真母猴。这两个代母猴分别是用铁丝和绒布做的，实验者在"铁丝母猴"胸前特别安置了一个可以提供奶水的橡皮奶头。结果发现小猴子除了实在饿的时候在铁丝母猴那里吃奶，其余的时间都会待在绒布做的母猴身边。这给同样是灵长类动物的人类在养育孩子方面很多启示，其中最本质的莫过于：一个生命的健康成长，不仅需要物质营养，还必须有心理营养作为精神的滋养。

01　被争来争去的孩子却没有人疼

小白，八岁，男孩。第一次见到时，首先引起我注意的是他的身材，整个身体给人感觉硬邦邦的，还有与他的年龄不太相称的瘦小身材，个子几乎比同龄人矮一头，瘦得都能看见鼻梁骨的骨头。小小的脸上几乎看不到光泽，头发稀少且竖在头上。对于这样的孩子，我首先考虑是否是因为遗传，但其父母都是属于健康的中等身材，因此排除这种可能。在访谈中，母亲认为小白特别难带，又倔强又脆弱。从小时候就是，在断母乳后，坚决不吃奶粉，整天哭，在几个月的时候就被爸爸揍过，为此外婆还跟爸爸吵了一架。如今也是特别挑食，几乎不碰蔬菜，被罚过，被打过，被哄骗过，被威胁过，最后大人都不得不缴械投降。只是想把他养得白白胖胖的外婆很是委屈，也有诸多的怨言，觉得自己如此尽心尽力，孩子还是长成这个样子，经常抱怨这个孩子怎么如此难养。曾经最让家人安慰的是小白的作业从不让父母操心，学习成绩在班级也能排到中上的水平。

这一次来到咨询室的主要原因是因为小白最近不肯写作业了，妈妈担心孩子学习成绩下降。一开始妈妈发现小白对自己的作业要求特别高，一个字写不好就一直要去修改，最后作业本都是千疮百孔，又不愿意把这样的作业本交给老师，现在发展到开始害怕写作业，害怕自己写错字，慢慢开始拖拉，磨蹭，迟迟不肯写作业。

来到沙盘室，小白没有像大部分小孩子一样，对各种沙具小玩意充满好奇，兴奋地忍不住就要开始做沙盘游戏。他则是认真地、专注地看了一圈，偶尔拿起一个沙具仔细观察，还会询问一些问题，在沙盘面前，也是用手指头轻轻地碰一下沙，便收回手，然后仔细询问我，这个怎么玩。

有的孩子好奇心爆满，让人无法招架；有的孩子出奇的安静，让人心生怜悯。

在访谈中，在言谈举止之间，小白的妈妈给咨询师的印象是洒脱，似乎对什么烦恼事情都能看得开。偶尔能感觉到一丝丝的失落情绪，但也是转瞬即过，不留痕迹。她对自己的婚姻状况非常满意，认为家庭生活十分美满，孩子由老人带着，女儿乖巧听话，儿子要不是因为作业这个问题，她也是十分满意的。丈夫的事业也正处于上升时期，对于未来还是充满希望的。我让她谈谈他们夫妻是怎么认识的，以及他们共同生活中一些重大的事情，以下便是她介绍的重点。

小白的爸爸妈妈是大学同学，自由恋爱，因女方的家庭相对富裕，且在大城市，所以选择定居在女方所在的城市。但结婚之前双方老人经过协商有个口头约定，就是他们夫妻要生两个孩子，不管性别为何，第一个孩子跟男方姓，第二个孩子跟女方姓。小白是第二个孩子，上面有个姐姐，按照约定，小白应该跟妈妈姓，姐姐应该跟爸爸姓，可是在小白出生后，爷爷一看是男孩，就不同意了，认为男孩应该跟男方姓，女孩跟妈妈姓，不巧的是，小白的爷爷那个时候已经病重，将不久于人世。两个家庭为这个孩子姓什么，一直争论不休。小白的爸爸希望能在父亲临走之前给父亲一个安心的交代，跟小白的外婆外公多次协商但未果。毕竟如果按照约定，小白爷爷家是不占理的，也不好太强硬。所以小白的爸爸希望通过小白的妈妈做其父母的工作，而小白的妈妈当时并没有同意，因为她也不愿意让自己的父母伤心。直到爷爷去世，小白还是跟妈妈姓。

在小白满一周岁的时候，爸爸申请到国外工作的一个职位，满两年后才回来，目前更是在全国各地飞，与家人聚少离多，妈妈说非常理解爸爸的工作性质，认为爸爸为了这个家在打拼。

我说："我很高兴听你这么说你的家庭和你对丈夫的理解。那你能告诉我，目前这就是你想要的婚姻生活吗？"她沉思了许久，并没有回答我的问题。因为时间的关系我们又把关注点拉到孩子的身上。

临走的时候，我说："虽然我是做儿童工作的，但很多的时候我也是在做家长的工作，儿童的工作需要父母的觉醒与参与、改变与成长。对于孩子来讲，父母是他们的天与地，孩子的成长需要头顶蓝天、脚踩大地，这样的孩子才能发展出自我力量。一个自尊自信的孩子是可以发展出适宜的社会行为的。"

过了一周，妈妈主动找我约谈。一开始她就告诉我，丈夫又已经有三个月没有回来了，孩子现在出了状况，感觉自己有点心力交瘁。

"爸爸对孩子过问太少了，有时候孩子爸爸回来了，孩子都认不出了，这个让我很伤心。"

"那么，你呢，对于常年出差的丈夫，你是怎么想的？"

"以前觉得挺好的，有时我感觉我自己很像单身人士。正好我的工作也比较忙，我可以有更多的精力投入到工作中。"

"嗯，那么现在呢？"

"嗯，我感觉我们现在有点像陌生人，我们的家像是孩子爸爸的酒店，他并没有把家当成家。"

"你从什么时候有这样的感觉的呢？"

"其实，我觉得他变心，可能还是因为孩子的姓氏问题。自从他爸爸去世之后，我有种感觉，他对我有怨恨，但我觉得他还是爱我的，只是我们都已经心有芥蒂，无法恢复到从前了。"

"嗯，是的，修复一些创伤，需要一些智慧，也需要时间。"

"我想，让孩子都跟爸爸姓也是可以的，可是我的父母那边，他们现在年纪也大了。"

"所以你很为难？"

妈妈流下了眼泪。

难得找到一个机会，跟小白爸爸访谈，小白爸爸在言谈之间也是对小白妈妈的付出，表示认同和感谢。对目前自己的家庭也感到比较满意。

当我询问小白的姓的时候，小白爸爸沉默了一下，说："那都是老人的奇怪的想法，我们年轻人是无所谓的！"我很愿相信他说的话是真的。

"但是你的父亲很在乎，对吗？"

"是的，不过他现在已经走了，也不能再干涉我们了。"

"你认为，你的父亲是在干涉你们？"

"也不算吧，老人家嘛，尤其是我们中国的老人家，我是能理解的。"

"你觉得你的父亲有遗憾吗？"

"有是肯定有的吧，毕竟最后我儿子并没有跟我姓。"

"你如何面对你父亲的遗憾？"

小白爸爸的脸色一下子失去了风采和理性的光芒，我看见了失望、悲伤和无奈。

缓了缓，他说："所以我现在非常努力地工作，不会让我的儿子重走我的路。"

"看起来，你现在努力工作，似乎是为了你的儿子有个顺利的未来。"

"是的。"

"那你爱小白吗？"

他用奇怪的表情看了一下我，心里可能在想这是一个愚蠢的问题。他随即尴尬地笑了一下说："哪有父母不爱自己的孩子的啊？"

"是啊，不过小白知道你爱他吗？"

我们的房间又一次陷入安静。

"今天我感受到了，你对你的家、你的妻子、你的孩子的爱，我现在还不知道这份爱是否能带你回家，但我知道他们都在等你回家，他们都需要你，尤其是你的妻子。"

临走的时候，我看到爸爸紧紧地攥着小白的手走了出去，那一刻我看到了小白的希望。

几个月后，小白就要离开我们的工作室了。我们明显感觉到小白的个子长高不少，脸上有了朝气。

来工作室又离开工作室的孩子，我常常觉得自己并没有做什么，我只是陪着他们，看见他们的喜怒哀乐，看到他们很深的没有被满足的心理营养。

小白，是幸运的。爸爸妈妈及时的疏通，化解隔阂，把真正的父母的爱给到了孩子，孩子自然就有力量成长起来了。我们经常见到为了孩子而激烈争吵的夫妻，场景大概就是两个大人在唇枪舌剑，无人照看一旁战战兢兢的孩子，夫妻双方都认为自己是最爱孩子的那一个，然而事实就是在那一刻谁也没有去照顾孩子，两人沉浸在双方的博弈中。

一开始，小白爸爸妈妈的双方原生家庭为了争个姓氏而起了矛盾，那时小白还是婴儿，自己也不能做什么，但是他一定能感受到什么。成年人喜欢把自己的期待寄托于孩子身上，最后也容易把自己不如意的原因指向孩子。而这种期待和失望的情绪压力都会压在孩子的身上。小白妈妈因为当时没有帮说话而失去丈夫的情感，后来也心生愧疚；小白爸爸对小白爷爷未了的生命遗憾归结于小白，从而选择远走他乡，疏离家庭；孩子最后被丢给了外婆，外婆则小心谨慎，竭尽全力想从物质上喂养小白，害怕被小白爸爸家人说闲话，自己家争下来的孩子又养不好。小白本是个敏感孩子，他的生命价值似乎都没有带给这个家庭幸福，他一出生便带来矛盾和争吵，所以小小的他被多方力量牵扯着，他不确定自己的价值，无法从内在获得生长的力量。

小孩子真是很奇妙的生命，特别勇于担当，会把父母关系中的争吵、不如意、失望等都认为是自己造成的。所以，冰冷的家庭关系可能让孩子内在地认为自己做错了什么，哪里做得不够好，因此他要小心谨慎，他不敢犯错，不敢说错话，不敢做错事，自己能坚持的方面只有自己吃什么和不吃什么了，而这恰恰又是让大人操心的行为，得不到大人的欣赏和肯定。如此一个孩子怎么才能安心成长呢？

02 孩子说："我在，家在！"

与上面案例不同的是，有些孩子会成为拯救者，拼命地努力，想保住心中的家。对于这些孩子，他们对家的需求特别大，认为爸爸妈妈分开了，就没有家了，而没有了家，这个世界上就没有人爱自己，没有爱是小孩子最深的恐惧。当然来到心理咨询室的孩子，大部分是通过一些心理"症状"来拯救家庭的。小雅就是这样的孩子：

小雅今年高二了，是一个学习上游的孩子，成绩一直都稳居年级前几名，按照这样的发展，小雅考上国内顶级的大学也是非常有可能的。可最近，每逢重要一点的考试就晕场，因此父母带着他前来咨询。

小雅父母的关系非常不稳定，经常为一些鸡毛蒜皮的事情吵得不可开交，两人都在暗暗地想，等孩子一考上大学就办理离婚手续。

小雅看起来是考试晕场，或者情绪紧张，但经过心理咨询了解到孩子的内在症结是小雅在潜意识里想保护这个家。小雅生活在一个小城市，那里没有大学，小雅如果顺利地考上大学，就意味着要离开家到外地求学。如果她离开了，谁来保护家呢？所以在小雅的心底一直有个声音：我在，家在；我离开了，我的家就不在了，可能不会再有人爱我了。

孩子就是这样，以你看不懂的方式，呈现着家庭里的关系。我们有非常多这样的家庭，父母的关系没有处理好，孩子则用自己也不知道是否正确有效的方式来涉入其中。

孩子，有时候是父母关系的镜子，当我们发现了某些可能是问题的问题，请首先想到：孩子发生了什么？他的行为语言在表达什么？好的父母都是好的翻译官。

03 萨提亚家庭模式三角关系家庭图

在萨提亚家庭治疗模式中会用一些图形结构来表示人与人之间的关系，前面的案例可分别用图 1 和图 2 来表示。

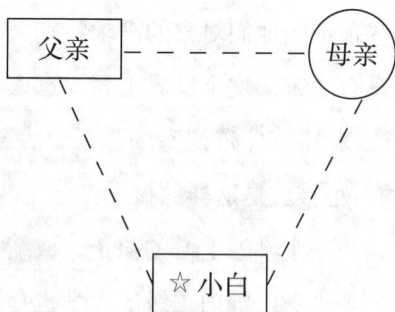

图 1

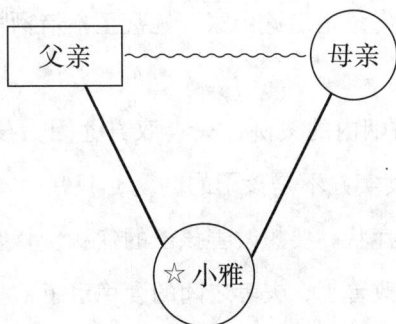

图 2

对于家庭关系，用图形来表示，看起来更加直观，你不妨画画自己的原生家庭图或者可以让孩子画画他的原生家庭图，可能有非常多的发现。

一般情况下，用四种线来表示关系的亲疏远近：

- 直线，通常表示正常而健康的关系；
- 虚线表示关系比较疏离；
- 粗线表示关系比较纠缠，有时也表示亲密（要根据实际情况来定）；
- 波浪线表示关系比较冲突。

如果父母之间的线是健康正常的联结，那么在孩子这边谁也不会用力，谁也不会疏离，爸爸妈妈都会尽力去呵护这个孩子健康成长，只是表现在分工上不同而已。而孩子这边，眼睛既能看到爸爸，也能看到妈妈，还能看到彼此的联结与支持，孩子就会有充分的安全感，孩子自然就能吸收到心理营养成长为自己。所以说，孩子的言行举止隐藏着父母的关系。要想给孩子最好的心理营养，那么就请好好地经营夫妻关系吧。

小白这个案例中，一家三口都是疏离的，他无法从父母那里获得足够的确认和接纳，因而外婆再多的喂养也无法让小白吸收到营养，心理营养不足，哪怕有再好的物质营养也无法消化和吸收。在小雅的家庭关系图中，小雅父母之间的关系是冲突的，父母双方跟小雅的关系都是非常纠缠的，所以小雅很难有力量走出这个家，她甚至不惜牺牲自己的学业来维持家庭关系。

以上两个都是婚姻内的案例，夫妻双方会因为孩子的问题共同来到咨询室，最后发现其实并不是孩子的问题，只是孩子反映了问题，反映了这个家庭系统中的症状。要想改善孩子的症状，就要去改善家庭中夫妻的关系。当夫妻关系改善了，夫妻之间的爱稳定了，孩子自然可以健康地成长，这就是为什么说孩子最好的心理营养是爸爸妈妈彼此相爱。给幼小的孩子一个安稳而相对健康的家庭环境是做父母的责任。当然，如果夫妻双方到了不可挽回的地步，可以分开，但也要清楚地认识到，只是夫妻的关系结束了，同为孩子的父亲和母亲这样的关系永远存在，无法改变，只能好好经营。现实生活中，有些孩子的父母已经因为各种各样的原因分开了，但即使分开了，也是可以去经营关系的，而不一定要形同陌路，成为仇人，甚至在孩子面前互相诋毁对方。已经分开的父母可以引用林文采老师在亲子课上说过的一句话："孩子，爸爸妈妈因为曾经相爱，所以有了你。现在，爸爸妈妈不再相爱了，分开了，但爸爸永远爱你，妈妈也永远爱你！"

咨先生与询小姐说

父母关系糟糕的孩子潜意识里很难感受到被接纳，被重视，被无条件地爱着，当然也感受不到安全感，而这些恰恰都是一个生命健康成长所必需的心理营养。一个心理营养严重缺失的个体，是很难发展出自信和自我价值感的，很多孩子会通过外在行为比如胆小、退缩、注意力不集中、拖延等非常多的一些不受父母欢迎的偏差行为表现出来。我们想说，症状不是问题的本身，想要改善症状，须从源头做起，给孩子充足的物质和心理营养。孩子在父母的争吵中，要选择客观中立也是非常困难的，孩子要选择站队，通常会站在力量看起来较弱的一方来共同对抗另一方，这种亲子关系是非常牵扯孩子的生命力的。

　　给孩子最好的爱，真的就是爸爸爱着妈妈，妈妈爱着爸爸，彼此爱着、顾念着。但如果确实不再爱了也没法相处了呢？这种情况下并不一定要勉强或者伪装，而是要有意识地发展出一种良性的关系，尽量减少糟糕关系给孩子带来的影响。

"学习型父母"小心中了鸡汤的毒

宋素霞

> 学习型爸爸，学习型妈妈，学习型人才，学习型组织……"学习型"这三个字是多么充满诱惑力啊。很多人也正在立志成为持续学习和终身学习的人，这是值得鼓励的行为。但另一方面"学习型父母"这个提法特别能刺激一些妈妈们，她们具有焦虑气质，生怕自己落后，生怕因为自己的落后而让自己的孩子输在起跑线上，由此引发出一系列有违学习初心的现象。

01 还没有"学好"可以开始教养孩子吗

林，一个四岁女孩的妈妈，幼儿园老师反映小朋友在幼儿园特别喜欢啃手指，回来后林尝试了各种办法来控制这个行为，希望终止这样的行为，但目前还没有成功。她偶然间上了某个父母课程后，号啕大哭，悔不该当初，认为自己做了很多的错事，之后据我了解她走上了一条学习不归路，每天朋友圈充满了带着鸡血的语言，比如没有有问题的孩子，只有有问题的父母，父母的学习是孩子最大的礼物，父母越努力孩子越成功，父母成长了孩子自然就会发展好，等等。林一周中至少数次参加与其他的父母在一起探讨如何做一个好妈妈的沙龙，有时为了学习一些新的课程，要离家很多天，把孩子丢在家里给老人带，并跟女儿说："妈妈如此辛苦地学习，都是为了做一个好妈妈，都是为了你！"说来也巧，我曾经也对我家的小伙子说过这样的话："我外出学习是为了更好地陪伴你，让你更加快乐。"我们家小伙子立马跟我说："妈妈，你不要出去学习，你陪着我，跟我玩，我就很快乐了。"我在那一刻深有感悟，是的，答案不在我们父母这里，而是在孩子那里。我们是否诚心诚意俯下身心来倾听我们的主角，了解他们要什么？我们做的是我们自己的需要还是他们的需要呢？

我相信语言的威力，语言能使人微笑，也能使人哭泣。语言抚慰过很多受伤的心，也给予很多信心不足的人勇气。同样语言也会成为一种迷信，促使那些本没有自我的人在迷失的路上更加地越走越远。

林就是一个这样的例子，自己在成长过程中有过受忽视的经历，生下孩子后便全职在家带孩子，丈夫忙于事业，大部分时间都在外面。林在家的时间越长，越觉得自己慢慢地与社会脱离，很想出去找一份工作。但一开始由于没有一技之长，也不愿意做一些门槛很低的工种，就一直这样处于全职状态又不甘于全职的状态。生活中与丈夫的争吵变得多起来，情绪也非常的不稳定，动不动就冲孩子发火，还经常打骂孩子。直到有一天林学习了某课程，在这个课程中，林的痛点被挖得淋漓尽致。从此，林有很多的时间都在不停地上课，不停地外出，不停地疗愈，已经没有时间和精力再为孩子精心地准备一顿早餐，大部分的时间都在准备成为更好自己的路上。

总的来说，我是很认同人学习的。持续学习、终身学习是我们应有的态度，同时也应该了解到目前我拥有什么，我能做些什么。永远都没有准备好的时候，不如就当下可以做什么，先做起来吧。对于孩子的成长，很多不知所云、空乏而苍白的语言真的不如父母给孩子准备一餐饭，陪他做一场游戏来得更重要。

02　家庭教育不是"大杂烩"

安，用博闻强识来形容她最适合不过了。她对于市面上每一种流行的教育理论都可以从头说到尾，你说正面管教，她可以给你扯到简尼尔森的大儿子，你说萨提亚，她跟你说萨提亚导师的名言与风格；你跟她说传统文化教育，她能给你扯到易经。她没有一刻停止学习，白天听语音，晚上看笔记。对孩子也是一样，晚上给孩子放 BBC 英文，早上给孩子古诗文鉴赏。有一种父母，我们都知道是光说不做的，光听不动的，因为一时兴起或者碰到了问题出去上课，回来一星期后便立马恢复到原来的样子。安，可不是，安，不仅听，不仅说，而且做。每每听到一种新的认为可能对自己孩子有益的事情，回来就去照做，行动力超级强。每每过一段时间她就会给你普及一种新的观点或者行为。像安这一类父母的孩子我通常称之为"玩坏的孩子"。孩子小的时候，大部分抵抗能力是比较弱的，都只能乖乖地跟随父母的安排，如果孩子足够幸运，也是这种喜欢各种尝试的孩子，那就阿弥陀佛了。万一孩子本身具有比较喜欢专注一件事的品质，孩子就真真切切会被父母的模式摧毁了。

安本身也是一个内心有着巨大黑洞的妈妈。因为母亲在自己很小的时候就去世了，后妈对安经常也是不闻不问，所以安从小缺少母爱。在高考那一年，安考的分数比较好，但因缺乏高人的指点，今天自己想起来，觉得大学选错了，专业选错了，工作选错了，觉得如今自己的处境也并不是自己满意的状态，追根溯源，她觉得是因为当时了解的信息不够多，也因为缺少父母的引导。她现在做的可能是她希望她的父母当初对她做的，而不是如今自己的孩子需要的。

如今，信息的通达自不用多言，获取信息的渠道多到泛滥，许多碎片化的学习一定程度上满足了我们的猎奇需求，也在补充我们已经相信的或者已经形成的某种信念或观点。所以，关键就是你相信什么，你有自己认定的理念吗？如果没有，就会产生焦虑，飘在空中，脱离根本，每天都在捕捉新的信息，新的发现，新的言论。而我也相信，一定会如你所愿，因为商业人士一定会挖掘和创造出一些新词给你，满足你的好奇心，满足你可以做点什么不同的心态。

《大学》中言："大学之道，在明明德，在亲民，在止于至善。知止而后有定，定而后能静，静而后能安，安而后能虑，虑而后能得。"真正的真理就是在那里的，无须你去创造和发现，大道至简。做父母，第一步是修"定"的能力，定也有三个层次，从稳定到坚定再到笃定。

稳定了才能扎根，这如同一粒种子，如果一粒种子没有决心寻找一块土地定下来，那就一直无法生根发芽。稳定下来才能扎根大地，长出根须，从大地中吸收所需营养。父母无论从情绪还是关系中，都需要给孩子一种稳定的感觉，孩子需要从父母稳定的状态中吸收安全感。三岁之前的孩子尤其需要从母亲那里吸收安全感；其他年龄段的孩子需要从稳定的夫妻关系中吸收安全感。父母的稳定就如同一片大地对于一粒种子，也如同一个后方安全基地，给幼小的生命提供源源不断的能量。

稳定之后便是坚定。坚定是一个接纳和承认的过程，也是接近真相的过程。是的，一粒种子在土壤里生根了发芽了。从落地、生根、发芽到出土，一定是一个非常艰难的过程，每一颗新芽都会在历经暴风雨后更加强壮。新的生命也是一样，历程艰辛出生以后，还要面对很多考验和磨炼，只有这样，生命才会更有力量。

接下来是笃定，这或许已经是一种信仰，你在自己的生命历程中遇见了自己，成就了自己，这个生命是如此绽放。因此，你可以相信某一种信念和行为对于生命的成长是有益的，你会产生一种使命感，去传播这样的一种信念。这就是笃定的行为和力量。当然需要记住，人是如此的复杂，成就你的未必能成就别人，某人的"蜜糖"会成为别人的"毒药"。

03　孩子才是家庭教育的"专家"

在刚流行建立微信群的那段时间，我被拉进了一个群。这个群很奇怪，群里的人顶礼膜拜某位老师，每天都会有人分享因为听了这位老师的建议，从此过上了如童话般的幸福生活，然后一片掌声和鲜花。有一天一位妈妈在群里痛哭流涕，说自己如此幸运，因为遇见了这位老师，因为自己"听话照做"，自己现在的生活如此幸福，现在孩子也听话了，老公也更爱自己了。我实在忍不住了，就提出了一些问题，比如说具体怎么跟孩子沟通的，孩子如何做反馈的，然后就遭到了"围殴"，群起而攻"之"，到了晚上我就被管理员踢出群了。显然他们不允许在这个群里有不同的声音，他们更不允许有人提出质疑的声音。

对于我来说，最害怕听到的就是"听话照做"这个词。这可能跟我自己的个性有关，也可能跟我的推测和担心有关。因为我不知道一个具有听话照做行为的父母能培养出什么样的孩子。失去了自己的主观思考和判断，听话照做，不问缘由，可能会有一些成功的案例，但是相反，那又会有多少因为"照做"不妥而被牺牲了的孩子呢？

父母作为有资格教育孩子的人，会对孩子产生巨大的影响，首先应该有自己的理解、判断和观点。如果一味地迷信所谓的专家，盲从、跟风，和机器人有何区别呢？

我记得每每在父母课堂结束后，总有家长问我："老师，我这样做可以吗？我那样做对不对？"说实话我真的不知道，但我知道的是这些父母有焦虑感，有"权威膜拜症"，或者说"专家病"，他们的行为需要别人来评判，而不是去问最重要的人——那个孩子。那个孩子感受如何，目前成长的状况如何，其实答案就在孩子身上。

请记住，作为父母，我们最重要的合作对象是孩子，他们是最有发言权的。多多询问他们的感受，多多聆听他们，多多跟他们在一起，因为所有的答案都在他们那里，在那里你和孩子都是自己的专家。

咨先生与询小姐说

　　我们认为，学习本是一件愉快的事情，能提升自己的生命质量，丰富生命更多的面向（维度和视角），学习力也是一种难能可贵的品质。但需警惕三种情况：一是充满鸡血的演讲和游说，那些充满诱惑力的字眼，断章取义的言辞，如同饮鸩止渴，会让你背离初衷；二是什么新潮就学什么的状态，这是一种典型的焦虑状态，家长需要回到自己，了解自己，了解孩子，修炼自己的"定"力，从真相出发；三是一家之言的绝对言辞，常常告诉你什么都不用做，只要"听话照做"，这就如同狗皮膏药包治百病一样。人有追求和信任是非常棒的体验，但切勿陷入迷信，迷信之后，你便失去了方向，而且离真相越来越远。

　　除了以上三种情况，可能还存在一些其他需要警惕的学习误区，需要大家结合自身的情况去思考和鉴别。

孩子怕黑是不勇敢的表现吗

薛洋洋

你曾经怕过黑吗？

是否现在还怕呢？

嗯，我小时候怕过，

现在有时也还会怕。

怕黑就是不勇敢，

不勇敢就没前途，

这是真的吗？

怕黑、勇敢、前途之间，有必然关系吗？

　　曾经热播的一部电视剧《南方有乔木》，女主是研发无人机的公司老总，男主是混社会的酒吧经理，他们除了都是我们普通人眼中的成功人士以外，还有个共同点就是都怕黑。在一次被困山上时，怕黑的女主安慰怕黑的男主，令人意外的是，女主的黑暗恐惧并未复发，在帮助男主的时候反而神奇般地好了。可见，成年人也会怕黑，怕黑的人也能成就自己的事业。接下来我们一起揭开怕黑的神秘面纱。

01　怕黑的小男孩

　　鑫鑫是个九岁的男孩儿，上小学三年级。妈妈来咨询室咨询："孩子很怕黑，一点都不勇敢，怎么办？"具体来说，鑫鑫就是不愿单独待在一个房间里，说有怪兽，还有骷髅等在电视节目或者家长口中描述的可怕形象。父母给他科普了一通，说那些怪兽是人类幻想的并不真实的存在，骷髅只是动物的骨骼，而且基本不会出现在家庭里，等等。但是他表面上说听懂了，实际上还是害怕，说没有怪兽和骷髅也怕黑，至今仍跟父母住一个房间。父母的期望是希望他三岁分床睡、五岁自己睡一个房间。实际情况是七岁才分床睡，而且迄今为止大部分时间也不肯独自去自己的房间睡觉，总是赖在父母房间里。软的硬的办法都失效。父母觉得孩子这么不勇敢，将来难成大器，很是焦虑。

02　怕黑普遍存在

怕黑，是一种黑暗恐惧，也是一种普遍存在，各年龄阶段都可能存在，但不同年龄段的人怕黑的原因不一样。有研究表明，两岁之前的孩子对黑暗还没有什么概念，最初的恐惧完全是由大声、高处落下、疼痛等自然因素引起的，其后产生对亲人的离开、陌生人和物的惧怕；二至五岁的孩子随年龄的增长，对于由噪声、陌生物体和人、疼痛、坠落等刺激引起的惧怕逐渐减少，而对想象引起的惧怕，如想象中的妖魔鬼怪、躲在黑暗中的东西、动物等引起的惧怕，逐渐增长，因此，这个阶段的孩子更容易怕黑，主要是由想象引起的；五岁以后，这种想象的惧怕则逐渐被社会性事件引起的惧怕所代替，如怕被嘲笑，怕被惩罚等。如果小时候的怕黑未解决好，长大后很可能发展为黑暗恐惧症。在面对黑暗的时候，患有黑暗恐惧症的人甚至会出现呼吸急促，出汗，恶心，口干，呕吐，发抖，心悸，无法正常说话和思考，焦虑发作等症状。

二至五岁的孩子更容易怕黑。这是因为，这个年龄段的孩子，想象力迅速发展，同时认知有限，想象容易和现实混淆，也容易脱离现实，把想象中的怪物，当作真实的存在。文中的鑫鑫虽然已经九岁，但他怕黑的原因正是因为想象而造成的。想象黑暗中有怪兽和骷髅，而这个怪兽和骷髅也不是鑫鑫自己强行脑补出来的，而是在电视节目看到过或者听家长说过。

03　怕黑缘何而来

瑞士著名心理学家荣格提出：怕黑可能源自人类自我保护的本能，是对环境影响做出的反应，也可以说是一种条件反射。其实，孩子怕黑是正常的自然心理。怕黑能够使孩子采取更安全、更慎重和更有益的方式，协调与黑暗环境的关系，如因为怕黑远离黑暗，从而避免不可预知或不可控制的危险。文中的鑫鑫怕黑，那他就肯定不会独自一人在黑暗中，也就减少了在黑暗中遭遇危险的可能，对于保护生命安全是有意义的。

怕黑的原因总结下大致可分为三大类：生物学因素、心理因素和社会性因素。什么是生物学因素呢？比如有学者研究发现，怕黑的孩子可能是患了夜盲症，这个时候我们就不能一味地指责孩子胆小怕黑。什么是心理因素呢？比如我们上面提到的二至五岁孩子的一些心理特征就是，他们的想象力发展迅速，但认知能力有限，导致区分不开幻想和现实，从而把想象中的妖魔鬼怪当作现实存在，从而产生恐惧心理。那什么是社会性因素呢？社会性因素就是跟人有关的因素，比如成人对孩子的恐吓：如果你不听话，怪兽就要把你吃了；比如看到电视或书本中关于黑暗的可怕和惊险画面，从而对黑暗产生恐惧；又比如在黑暗中经历过不愉快的事情，有过不好的体验等。

04　如何应对孩子怕黑

面对孩子怕黑，你是不是也如文中妈妈一样，觉得孩子胆小，不勇敢呢？

这显然不可取，那我们该如何应对呢？怕黑是孩子成长过程的必然经历，父母既不能轻视，觉得无所谓，认为孩子长大后自然就好了；也不要给孩子随便贴上"胆小鬼"的标签，这会增加孩子的恐惧和不安全感。也就是说，要战略上藐视"怕黑"这个敌人，战术上重视"怕黑"这个敌人。

采取怎样的战术呢？首先，接受孩子怕黑的事实，给孩子一个温暖的爱抚和拥抱，充满爱心和耐心地陪伴孩子，这会使孩子感到安全，恐惧感有所减退。其次，认真倾听孩子怕黑的真相，对其怕黑的原因给以肯定，父母展示出同理心，会使孩子获得安全感，更易接受父母的劝导，积极克服恐惧心理。再次，和孩子一起探究"怪兽们"的真实面目，知道"怪兽们"是自己臆想出来的可怕东西或暗影所造成的幻想，用科学的方法击碎恐惧。然后，了解孩子头脑中"怪兽们"的来源，可能是成人讲述的，可能是电视里看到的，家长们能做的就是少吓唬孩子，让孩子远离恐怖鬼怪影视作品和书籍。最后，对待黑暗恐惧本身，可以陪伴孩子在黑暗中唱歌和做游戏等，用实际行动帮助孩子明白黑暗并没有想象中那么可怕。也可以让孩子开着灯睡觉，选择能够调节光线的灯，慢慢把光线调暗，类似于系统脱敏法，直至孩子完全适应黑暗。

对于孩子而言，最伤心的莫过于父母不认可自己。所以，对待孩子怕黑，家长万万不可轻易地批评孩子胆小，更不必对孩子的怕黑过度焦虑，因为焦虑情绪会直接传染给孩子，使孩子怀疑自己，觉得自己胆小很没用，长大后畏首畏尾，终于成为父母口中的胆小成不了大事的人。总的来说，对于家长而言，除了上述的方法以外，最最重要的一点就是，家长一定要给孩子足够的情感支持，让孩子知道无论他遇到什么问题，都有父母在身边陪伴，使孩子内心永远是安全和富裕的，有足够的能量可以应对问题。

05　怕黑就难成大器吗

怕黑就不勇敢吗？鑫鑫的父母就是这样认为的，觉得鑫鑫都九岁了，还怕黑不敢自己独自住，认为他很胆小，不勇敢。只因为鑫鑫怕黑，就评价他不勇敢，这明显是一种不合理信念，犯了过分概括化的错误。过分概括化是个体对自己或别人进行不合理的评价，其典型特征是以某一件或某几件事来评价自身或他人的整体价值。正确的做法就是了解世上没有一个人能达到十全十美的境地，应以评价一个人的具体行为和表现来代替对整个人的评价，即"评价一个人的行为而不是去评价一个人"。鑫鑫的父母应该只针对怕黑这件事进行评价，而不是评价鑫鑫这个人，而且只有怕黑这一件事并不能证明鑫鑫是个不勇敢的人。如果批评鑫鑫不勇敢，很可能会对孩子形成心理暗示，最后真的成为一个不勇敢的人，做什么事都畏首畏尾。

不勇敢就难成大器，没有前途吗？那我们思考一个很简单的问题：是不是所有人都勇敢，是不是所有职业都需要勇敢呢？这么绝对化问题的答案肯定是否定的。举个简单的例子，也许做特种兵是需要勇敢的，但做财务、会计、出纳这样的工作，也许太勇敢、太胆大了不一定是好事情。世界上没有完全相同的两个人，包括长相高度相似的双胞胎也不是完全相同的，也就是说我们每个人都是独特的存在，都有自己的能力特长，也会有不同的脾气秉性。就像我们熟知的长颈鹿和山羊的故事：过河时，长颈鹿的高是优势，可以帮助山羊渡河；但为了吃牧场里的草，长颈鹿因为长得太高而进不去入口时，长颈鹿的高就成了劣势，而山羊的矮反倒成了优势。由此可见，在不同的环境下，长处会变短处，短处会变长处。同理，不同的职业要求不同，有的职业特别需要勇敢，有的职业对勇敢就没有太多的要求，我们完全可以扬长避短去寻找适合自己的职业，没必要盯着我们的劣势自哀自怨。

咨先生与询小姐说

　　孩子怕黑并不可怕，可怕的是父母过分担心孩子怕黑，觉得孩子胆小，将来就一定难成大器。了解孩子怕黑的真实原因，和孩子一起面对成长中的问题，给孩子足够的情感支持和安全感，并借鉴科学的方法，这样才能帮助孩子走出黑暗恐惧。

单亲妈妈——孩子奇怪行为的背后

季 未

> 这世上的大多数父母，总是在倾尽所有，将最好的给孩子，却不知，我们所认为的"最好"，对孩子而言，也一样是"最好"的吗？！

大家可能听过这样一个故事：一个喜欢吃苹果的人，给他的好朋友送了一车的苹果作为礼物，他很期待好朋友开心地向他表达谢意，结果好朋友只是非常礼貌性地表达了感谢。他很受伤，感觉到自己精心准备的心意没有得到该有的对待，于是非常委屈地说出了自己的失望，好朋友也非常委屈，说道："可是我明明喜欢吃香蕉，你却给我一车苹果，我并不是真的喜欢啊！"

这样的场景熟悉吗？我们觉得自己给予对方的是最好的，但却不知道，其实我们在"给己所要"，而不是"投其所好"。而生活中，又有多少人正以自己所认为的"对"，去要求别人呢？

01 单亲妈妈的担忧：我的孩子存在很多奇怪的行为

今天要说的女主人公苏，按照现在这个不断强调自我价值的主流社会标准，也能称得上是一个现代女性的典范，她独立、能干，工作中敢做敢拼，颇有巾帼不让须眉之势；生活中细致、用心，可谓上得了厨房下得了厅堂。因为和前夫性格不合，在结婚六年后，成了一名单亲妈妈，带着五岁的儿子独立生活。即便是离婚这样一件在外人看来非常难熬的事件，要强的她也处理得干净利落、不拖泥带水。

但是最近，苏却因为儿子的问题烦心困扰。

起因是这样，幼儿园家长日结束后，苏被老师要求留下来"聊聊孩子的教育问题"，让孩子在一边玩玩具后，老师跟苏说到孩子在幼儿园的表现。听完老师的话，苏的心越揪越紧，脑海中一遍遍地回想老师的话"最近孩子的小动作越来越多了，啃手指头、挤眼睛，上课的时候也没有以前活泼了，也不太爱和小朋友玩。有时候看到他会被小伙伴的玩具吸引，但是跑了两步就停下来，在原地拧袖子，鼓励他去他也不愿意……"

苏的内心无比挣扎，从来没有什么能这么像针扎似的让她心疼。儿子是她的唯一，从决定离婚那一刻起，她就发誓要为儿子创造最好的生活条件，把所有的爱全部给他。所以她努力工作，只为给孩子创造更多的物质条件；用心生活，只是想给孩子打造一个温暖有爱的家庭环境。

"可问题出在哪儿了？"苏来到咨询室，满脸的愁苦和期待。"为了让孩子能够有个安心的环境，我尽量不在他面前提他爸爸，也不提我和他爸爸之间的事。平时除了上班，我就用尽可能多的时间来陪他，也尽量给他我所能给的。"

我想这是很多单亲妈妈的内心独白：我没能给孩子一个完整的家庭，所以我要加倍地给孩子更好的生活条件、加倍给孩子爱，我不能让孩子感觉到生活的艰难，我要给他像其他健全的家庭一样多甚至更多的爱……

从这样的独白里，我听出了一个妈妈的自强和奋进，同样也听出了内疚和不安。

我问苏："你如此的辛苦，努力给孩子创造这么好的环境，无疑是爱孩子的。那么，当孩子现在出现问题的时候，你想到最多的是什么？"

之所以这样问，是因为，问题发生时，第一个闪现在我们脑海中的念头，通常是我们最在意的，也是咨询中最值得探讨的点。

苏沉思片刻说："我就想，孩子出问题难道真的是因为我离婚的原因吗？难道真的单亲家庭的孩子就脱离不了'问题儿童'的魔咒？"

苏的回答，已经显示出来，她太害怕离婚这件事对孩子造成负面影响了。

我说："你在猜测有可能是离婚的原因时，你内心的感受是什么样的？"

苏说："我很疑惑，很内疚，也很复杂。"

我点点头说："疑惑、内疚。你能具体说说吗？"

苏说："疑惑的是我已经做了这么多，为什么孩子会变成这样？内疚的是，我真的不是个好妈妈。"

苏的语气越来越低沉，泪水在她眼中打转，透着无助和心酸。

……

在和苏的探讨中，我一边深深地体会着她的焦虑和内疚，一边思考着那个不断在我脑海中盘旋的词——"用力过猛"。

苏对待孩子，爱得很用力：因为担心离婚对孩子造成不好的影响，从来不在孩子面前谈孩子的爸爸；因为害怕孩子少一份来自父亲的爱，会哪怕自己精疲力竭也要在孩子面前表现得乐观积极……

02 父母自身的情绪状态对孩子的影响

心理学上，有个专业名词——"墨菲定律"，即老百姓常说的"越怕什么越来什么"。试想一下，当我们越担心某件事时，我们就越是会将注意力的焦点放在这件事上，我们的脑神经在与此相关的事上也更容易紧绷。所以当有一丁点与我们预期不同的苗头出现，就会更加焦虑："果然不好的事情还是发生了……"

同样，苏非常担心孩子会受离婚事件的影响。她对孩子的成长，是紧绷着一根弦的，因为生怕离婚的事件对孩子造成不好的影响，所以在儿子与其他小朋友抢夺玩具时，她就会非常紧张，怕孩子受到欺负，也怕孩子变得太暴戾。生活中类似于这样的事情发生时，苏就会非常紧张，赶紧上去干预，避免争端。

而孩子解决问题的方法，都是来自于父母。孩子看到苏是用一种避免冲突的、回避的方式来解决问题的，试问，以后孩子在面对问题时，又会怎么去处理呢？久而久之，孩子会习得什么样的性格呢？

苏除了担心之外，还有内疚。她提到，自己已经在尽力地当一个 "好妈妈"。所以一旦孩子出现问题，似乎就在证明自己不是一个 "好妈妈"，会更加增加她的内疚感；而当孩子顺顺利利成长时，才会减少她的内疚。

从这种层面来说，苏的不断给予，也是为了消除自己的内疚，这是一种常见的 "补偿心理"。这种给予，就会更加有期待，会对孩子的成长有预设，一旦孩子没有达到这种预设时，就会更加担心和焦灼。

03　父母应该如何看待离婚这件事对孩子的影响

苏之所以如此担心，还有更深层次的信念，即在她心目中，她也认同 "离婚会给孩子造成不好的影响"。

这一点，苏刚开始并没有意识到。她害怕孩子过早接触 "离婚" 这个词，因此刻意回避离婚的话题；在孩子面前用 "爸爸去了很远的地方，所以不能和我们见面" 这样的话来掩盖和前夫感情的破裂；每当孩子提到爸爸时，苏总是以各种方式转移孩子的注意力。久而久之，甚至连 "爸爸" 这个词都变成了她和孩子间的禁忌。慢慢地，孩子不问了，苏变得轻松了些，却也同时发现，孩子似乎也慢慢变得话不那么多了。

可见，正是因为内心深处的担忧，苏才没有办法客观中立地看待离婚这件事对待孩子的影响，从而变得矫枉过正。很多父母会问这样的问题：离婚一定会给孩子造成不好的影响吗？为了让大家更好地理解，这个问题先放一放，我们先回答下面的问题：

离婚到底能不能跟孩子提？怎样提？

我们可以先来想想一个例子：和你关系非常好的两个朋友，某次你听到他俩在小声讨论事情，你也没多想，就问了一句："说啥呢？那么小声。"这时其中一人走开了，另一人转过来跟你说"没什么……"。你会不会反而内心有疑惑？

这其实是人的本能，对于越是模糊的、隐藏的东西，大家的好奇心越强，各种猜测越多。如果很清晰明了地告诉对方，对方反而心里踏实了。

离婚能不能跟孩子提，也是这个理儿。如果父母能够客观平和地看待这件事，告诉孩子"爸爸妈妈要分开了，但是爸爸妈妈对你的爱依然还在"，甚至明确地告诉孩子，哪几天爸爸会陪他，哪几天妈妈会陪他，这种确定性，反而会给孩子带来安定。

这样，我们就更能回答"离婚是不是一定给孩子造成负面影响"这个问题了。

离婚是不是一定会给孩子造成负面影响？

简单来说，这跟父母的态度有关。父母能够平和地看待这件事，就像上文所提的那样，直接明了地告诉孩子发生了什么，孩子也会更加有确定感；如果父母自己是不能接受离婚这件事的，或者对离婚本身是有情绪的，比如怨恨另一半，或将孩子作为与另一半争斗的武器，那孩子的成长必然会更多地卷入斗争、怨恨等。

现实中不乏这样的例子。曾经有个来访者，就因为小时候总是听到妈妈说爸爸不负责任、无能、负心等，虽然一方面渴望父亲的爱，另一方面却又不敢违背妈妈的意愿，直到父亲临终才见了父亲一面，却因为没有在父亲临终前尽孝而后悔不已。

对孩子而言，当父母双方僵持不下，孩子就会觉得不安、困惑，甚至分裂，因为孩子身上流着双方的血，有一方不好，孩子就怀疑自己也会不好。在孩子的心里，是渴望能跟双方都亲近的，在他们的自信体系里，父亲和母亲都是重要的支柱。而将孩子当作对付另一半的武器，也许这个武器本身，就是牺牲品。

现实中也有较有参考价值的例子，比如美国总统奥巴马的母亲安·邓纳姆，虽然与其父亲老奥巴马也是因为感情破裂离婚，虽然奥巴马的外祖父母一直都不喜欢老奥巴马，但是在奥巴马面前，他们永远都是说着老奥巴马的优点。比如说到唱歌时，也是说"你老爸唱得非常好，每个人都被他迷倒了"。奥巴马很自然地接纳和继承了父亲身上的优点。

另一方面，即便父母没有离婚，但是感情非常不好，甚至有言语暴力和肢体暴力，那么孩子在这样的环境下长大能获得什么呢？结论可想而知。

所以并不是离婚本身会给孩子带来影响，而是父母自身的状态以及父母如何对待这件事。

04　父母是否看到孩子的需求，对孩子的影响

在一开始和苏的对话中，苏不经意地提到了一点：她尽量在孩子面前不提孩子的爸爸，用"爸爸去了很远的地方"来阻止孩子和爸爸见面。在之后的探讨中，我仔细询问了苏为何不让孩子和爸爸见面，苏说道："因为孩子爸爸身上有太多缺点了，害怕孩子跟着爸爸学坏了。"

听到这样的回答，我并不意外，这是很多单亲父母不愿意让孩子见另一半的主要原因。他们将自己对另一半的不认可，也强加到孩子身上。

我问苏："不让孩子和他爸爸见面，这是你的需要，还是孩子的需要？"

苏很诧异地说："这是我的想法没错，但是我觉得我应该避免让他接触不好的东西啊。他爸爸那么没有责任心，那么自私，我不希望我的儿子跟他一样！"

我说："那孩子需要的是什么？"

苏再次陷入沉默……

　　我能理解苏的焦虑、疑惑，听上去她也是出于对孩子的保护和良好的引导。然而，先不说世间的万物其实无法绝对地用"好"或"不好"来评价，至少苏并没有看到孩子的需求，没有看到他对父亲的爱的需求，没有看到他对生命中突然少了一个人的不安和困惑。而这一切，只有她先放下自己的需求时，才能看得见。

🔑 咨先生与询小姐说

> 　　其实不仅仅在离婚这件事上，在生活中的任何方面，面对孩子的教育时，我们都要问问自己：面对这件事，我自己是不是有没有处理好的情绪？我内心的信念是不是在影响着我的决定？我在教育孩子的时候，满足的是我自己的需要，还是孩子的需要？
>
> 　　当我们对这些问题都有清晰和明确的答案时，我想我们才能做到"投其所好，而不是给己所要"。

妈妈的咒语——另一种母爱

宋素霞

> 这个世界上没有两片相同的叶子，也没有两个相同的人，当然也没有两个一样的指纹。提到指纹你会想到什么呢？
>
> 人的指纹一生不变，它跟我们的命运有关联吗？
>
> 曾经很多人包括我的母亲都认为，指纹跟命运是有关系的！你相信吗？

01　妈妈说：你是个穷命的丫头

很久很久以前的一个下午，秋高气爽，妈妈在做完家务之后，召集家里几个孩子聚在一起话长短。妈妈突然想到打发时光的好主意，说："来来，你们把手伸给我看看，看看你们将来是穷命还是富贵命。"妈妈拿起妹妹的小手，左看右看："还不错，总算还有一个斗，将来不愁吃穿的。"妈妈放心地放下了妹妹的手，接着又看另一个孩子的手："哎呀呀，两个，哟哟，还有一个，哎呀，这个孩子有三个斗，将来吃馒头都要扔皮子，富贵命啊！"妈妈抑制不住兴奋的情绪，从妈妈的语言中我还读到了幸福。我也急不可耐地把我的手伸给妈妈看，妈妈左看右看："咦，怎么回事？你这个丫头，怎么一个斗也没有啊，不可能啊。"妈妈又看了一遍，然后深深叹了一口气："唉，看来你是个穷命的丫头啊。"妈妈还是不死心，又看了几遍，结果还是一样的。其他孩子也都兴高采烈地把小手伸给妈妈看，妈妈一个一个根据斗的数量，说出将来每个人可能富裕的程度。后来我感觉大家还是像以前一样忙碌起来，我自己似乎总是提不起精神，我应该感到失落了吧，我猜想当时的心情差不多是这样的。心里真希望妈妈的话不是真的，有时也在心里暗暗下决心，一定好好努力改变自己的命运。这是我大概六七岁时发生的一段经历。

在后来慢慢长大的日子里，我似乎忘了这件事，我成了我们家孩子学习成绩最好的那个，年年拿"三好学生"奖状回家，后来通过努力考上省城不错的大学。家里人都说有了"铁饭碗"了，我似乎也在心里说："我肯定不会穷命的！"

02　长大后

大学毕业那年，我豪气冲天，冲破家人的层层反对，没有按部就班地进入工作程序，而是和几个头脑发热的同学一起为了"梦想"到一个环境十分艰苦的工作单位，在天寒地冻的北方，最后连饭都快吃不上了。好不容易回到家后，看到妈妈为我忙里忙外准备了一桌好吃的，我对妈妈说："妈妈，我真是个穷命的丫头。"

好在我天生乐观，很快调整思路，又开始积极向上，通过一段时间的努力，很快，生活上了轨道，一切又变得可控而安稳，而且所有的形势都在往好的方向发展。我又感觉到：像我如此聪明伶俐、勤奋踏实的人怎么会是穷命的呢。后又经历了创业、休整、迷茫的几年时间。直到我感觉到山穷水尽，我又一次想起妈妈的话。或许我无法逃脱命运的掌心。虽然，尽管，我知道仅凭指纹来判断命运是不科学的，但我能感觉到命运这个东西紧紧束缚着我。

此后又开始奋发图强，结婚、生子、过日子还是都算顺风顺水。但在我的内心深处一度开始迷茫，终于又在衣食无忧的日子里走上了心理学之路。

尽管我很爱我的家庭，但我很早就远离了我的家庭，从小城市走向大城市，从大城市到更大的城市，从大城市回到小城市，再从小城市逃离，我一路可劲地折腾。总是不敢在安稳的生活里待着，总要折腾到山穷水尽，做过很多很多的蠢事，一次又一次地从终点回到起点。

03　妈妈，我不敢打破与你的联结

曼陀罗绘画是一种通过艺术性表达来实现心理放松和疗愈的工作方法。在绘画过程中，画笔联结了内在的情感，让情绪得到自然抒发和表达，内心的矛盾得到整合，内在的和谐与稳定得以重建。该疗法对于提高儿童注意力和集中力、开启右脑感性思维、缓解工作压力、预防和治疗老年痴呆症等有良好的效果。在一次曼陀罗绘画课程中，作为参与者，我有一个清晰的画面，妈妈的那句话就像如来佛的五指山，而我就是那个孙悟空，使出浑身解数还是在原点打转。我突然悟到，我这前半生一路走来，关于金钱的信念，紧紧锁在了妈妈说的那句话里"这个丫头是个穷命的丫头"，后来跟伙伴分享命名为"妈妈的咒语"。

此后的努力奋斗，都是为了打破妈妈的迷信却又想和妈妈保持某种神秘的联系。因此，虽然我为之不懈努力与奋斗，想挣脱和打破这个咒语，但一切都没有起作用。我清楚地知道，我拥有明显的优势品质，使我可以活得更加富足一点，但现实中明明有很多的纠缠，最终的决定都没有把我引向更光明的道路。当我在现实层面过上相对富足和稳定的生活，我总是要开始出点状况，我想我或许在潜意识中不想打破妈妈的权威，我想对妈妈保持某种忠诚吧。我常常在"你看我可以富足，妈妈的话是错的"和"妈妈说的果然没有错，我真是个穷命的丫头"两种状态中摇摆。

04 化解

后来在一次沙盘课程中关于"金钱的情结"中，我的议题再次浮现，我也终于看清，我想努力证明妈妈的话是错的时候，我已经活错了；同时，如果我认同了妈妈的话，我又如何能活出富足的人生呢？我之前的生活大概就是在这样的起起伏伏和将信将疑中度过。我的心始终没有踏踏实实地生活着。

妈妈的一句话对我的影响是深远而悠长的。就如同具有神奇魔力的咒语，紧紧锁住我的一切。不仅仅是物质生活中的金钱层面，更重要的是内心的富足与自由感。不管我在意识中如何努力竟逃不开这句话对我的影响。因为那时真的很小，认知水平低，没有辨别能力，妈妈的话就像用刀子刻在我的心里一样，妈妈对我的看法可能就会成为我对自己的看法。妈妈根据指纹说我是个穷命的丫头，这真的就可能作为了我生命的基调，我无法想象自己过上富足的生活会是什么样子的，我却清楚地知道穷人是什么样子的。慢慢地我长大了，想挣脱，但太难了，即使突破也可能只是点上的。

在一次冥想的过程中，在老师的带领下我穿越到妈妈的小时候，在大时代背景下，在妈妈的原生家庭中感受妈妈的生命。我泪流满面，那一次我在心底里理解了妈妈说的话，受妈妈的成长经历的影响。在妈妈童年的记忆中就是大饥荒，是吃野菜吃树皮的日子，然后就是永远不停歇地劳作。所以在妈妈的认知里，穷就会被饿死，富裕就是吃穿不愁。在妈妈那一辈人或者更早几辈人看来，"斗"这个玩意是容器啊，可以盛更多的粮食；而簸箕呢，只是用来清理粮食中的杂质，谁家会用簸箕来盛粮食呢？除非是家里粮食少的人家吧。你看吧，我的十个手指全是簸箕，一个斗都没有，表示我家没有很多粮食啊，我可不穷命呗。尽管我生活在了一个太平盛世，在物质极大丰富的时代，我内心还会有一种隐隐的担心和焦虑，有一种不稳定感。

　　之后经过很长时间认真的处理，如今长大的我表达了当时很小的我的愤怒和无助，当然我也在妈妈的语言中看到妈妈的爱与祝愿，以及妈妈的话给我的生命警示，我比较有忧患意识，我有未雨绸缪的能力。至今不能说妈妈的咒语对我没有了消极的影响，但至少我现在对穷命还是富贵命有了不同的认识，更主要的是现在在精神上自由了许多，我的努力不再为了证明妈妈是对的或者错的，我是为了我自己生命的走向而努力。妈妈依然是我亲爱的妈妈，我也是我自己。

❓ 咨先生与询小姐说

> 　　婴儿在牙牙学语的时候，一般都是从说"妈妈"开始的，所以"妈妈"，不仅仅是简单的两个字，也包含太多的意义。"妈妈"是孕育生命的容器，是保护生命的安全岛，是提供生命成长的供给站。每一个生命的成长都是从妈妈这里开始的，一个新生命是否能度过一个又一个的坎儿，跟妈妈的能力和意愿都有巨大的关系。当然每个妈妈一定都愿意倾其所有，甚至用自己的生命来换得自己孩子的健康成长。我在内心里相信，每一位母亲都是在尽其所能在抚养自己的孩子。妈妈的经历、价值、认知和信念都会深深地影响孩子，成为孩子一生的基调。所以妈妈的学习成长真的是非常重要的。
>
> 　　当然，我们也相信我们每个人都有修复能力，内在的生命都有积极向上的动力，就像我一样，我可以走上成长的路，破除咒语，活出自由的生命状态，相信大部分人也都可以。没有十全十美的养育，每个妈妈在养育孩子的过程中，也不必谨小慎微，前怕狼后怕虎，勇敢去做自己心中认为是对的事情，毕竟人类的心灵都不是纸糊的，都有一定的承受力、一定的弹性和修复力。

每一位父母内心都住着一个没长大的小孩儿

宋素霞

> 人类一代代繁衍生息，延续的不仅是血脉，也包括走过的路。

01　我们父母内在中的小孩

　　妈妈从老家到我家来小住，我想给她买几件衣服，以表做女儿的孝心。我们欣喜地开始了逛街的旅程。不想逛了半天，妈妈一件都没有挑上，要么觉得衣服的颜色太艳，要么嫌尺寸偏小，要么嫌样式太潮，也有看上的但嫌太贵，舍不得让我花那大价钱。有几次我都快要失去耐心了。以前都不是陪她逛，而是我会根据自己的喜好，直接买下送给她。而今天如此地折腾，逛了整条街都没有买成，我当时心生烦躁。就在我们准备回去的路上，妈妈走在前面，我走在后面继续观望，正好有一个跟我妈妈年纪相仿的女子，穿着比较得体，很优雅地从我妈妈身边走过。我看到我妈妈望着那个女子的背影很久，我在后面看着妈妈注目的背影。妈妈回过头来跟我说："你看，这个女的皮肤真白，衣服穿得大大气气的，一看就像是工作的人。"我看到了妈妈眼里的羡慕和对自己的一丝丝的遗憾。就在那一瞬间，我突然意识到，哦，妈妈原来也是个女人，她有自己的审美和喜好，也有自己的期待和遗憾。我想到这里的时候，不禁大吃一惊，久久不能接纳这个事实：我从来没有想到要从一个女人的角度去跟我的妈妈互动，一直都是以女儿的身份在跟妈妈互动，一直以来在我的心中，"妈妈"

这个分量太重，也束缚我很多。当然，我想妈妈也无法跟我以另外的身份互动，包括她内在中那个爱美又矜持又有自己主张的小女孩。

我在想平常陪朋友逛街的时候，觉得那是一种放松和休闲，心情很平和，虽然和朋友讨论各种衣服的质地款式和自己的喜好，也会意见相左，但最后买或者不买都不会影响自己的心情。我在陪妈妈的时候，似乎没有那么多的耐心，希望妈妈赶紧挑一件，然后买下衣服，我的孝心表达到，我便心安了。可是，事实就是妈妈也是一个女人，自己内在对选衣服有自己内在的信念，也有自己渴望塑造的形象。我是否能以对待女性朋友的心态来对待我的妈妈呢？妈妈是个内敛的、传统的中国型妈妈，太潮的衣服她肯定不会穿的，但之前我会鼓励她，希望她突破自己，多么可恶的女儿啊；妈妈因为要做家务活，喜欢宽松一点的衣服，我希望妈妈穿得有型一点，我认为显气质；对于颜色，妈妈不喜欢那种花花绿绿的，而我喜欢花花绿绿的。就是这样的不同，让我终于知道了妈妈这个女人与我是两个不同的女人，我可以像朋友一样对她，更重要的是如今我已经长大，我是否可以看到妈妈那个内在的小女孩，有羞涩、有期待也有对自己的不满意，我可以像个妈妈一样照顾那个小女孩吗？

这其实并不是很容易的过程，在跟妈妈的相处中，更多的时候她依然是我的妈妈，所以我需要有意识地转换一下。有时我需要把她当成一个女性朋友，心中依然住着"小女孩"的女性。我为我今天有能力看到妈妈心中那个小女孩的部分而感到庆幸！

记得有一次在工作坊中，我们谈论了一个奇怪的话题：原来我们的爸爸曾经也是个小男孩，妈妈也曾经是个小女孩。这是事实，然而在很多时候我们都忘记了，我们只知道他们是我们的爸爸妈妈，从我们生命的第一次睁开眼睛便是那样。从我们学说话，他们就教我们喊爸爸、妈妈，当我们能发出那样的声音的时候，他们是那么兴奋和高兴。我们上学了，他们依然照顾我们的生活，我们没有钱了便向他们伸手，我们受伤了便想躲在他们的身后，我们获得了成就便想向他们展示，我们的生活一直都是这样的啊——爸爸、妈妈，一直都是爸爸妈妈。难道他们曾经也像我们一样，从一个幼小的生命开始，也有过艰难的处境，也有过受伤，也有过委屈，也有过生命的遗憾？亲爱的爸爸、妈妈，你们是如何长大的呢？在一次萨提亚的冥想课程中，老师带我们去到了父母作为一个生命出生的时刻，那时我泪流满目，在那些不容易的日子里，这两个生命是如何长大的，在父母相遇的那一刻，他们的决定又是如何影响了今天的我？

02　作为父母的我们心中的小孩

　　基本上大概我是知道自己是如何长大的，如今有了自己的家庭，且为人父母，我觉得我也已经是个成人了。但在现实中，会有许多回想起来让你产生好奇的事情。我之前与我的先生之间有一个很大的争执，仅是为了我们家的灯是开还是关。只要我在家，晚上我家通常都是灯火通明的，我每到一个房间，都会把灯开着。这时我的先生如果从外面回来就会立马说："这是谁开的灯啊，怎么不知道关呢？"

　　"天黑了，为什么要关灯？""你又不在那个房间，为什么要开灯？""因为我喜欢啊！"你来我往，一直要吵到谁出电费，再吵到要分家。这个议题一直跟着我们，谁也改变不了谁，谁也说服不了谁，其实经历过的朋友应该懂得这个过程还是蛮痛苦的，吵到伤心，吵到绝望。真的，夫妻生活中无大事，就是这些一地鸡毛的事情消耗着爱与能量。

　　回过来看，夜幕降临的时候，我对光的渴望，我希望有灯火通明的感觉，让我能感觉家的温馨。我记得小时候，父母在外地，我跟着爷爷奶奶生活在老家，家里还是煤油灯，每天晚上我都要趴在豆大的火苗下认真写作业，有一次我家来了一个亲戚告诉我他们那儿已经有电灯了，说家里多亮多亮，说煤油灯对眼睛不好，像我这么认真的孩子应该在电灯下写作业，后来我就天天盼着父母早点回来给家里装上电灯。我想这个期待是非常深刻的，以至于我到今天还在期待那种灯火通明的感觉，那些灯已经不仅仅是通过电产生光而已，已经变成父母的爱与关注。是的，一个小女孩期待父母的爱，也期待自己是值得父母爱的那个孩子。如今虽然我已经长大了，电灯也不知道换了多少代了，但那个期待电灯带来的光的小女孩依然住在我心中。当有人指责我开了那么多灯，都不知道关的时候，如同要拿走那些灯对我的爱，我是会立马反击的，困难之处在于情绪中的我无法说清楚当初的那个小女孩的内在期待，无法说明白，情急之下，就变成了争吵，最后留下的又是伤害。

而我的先生，也有自己的版本，他的父亲是当年的知青，在下乡的那段日子里吃了不少苦，在物质匮乏的时代差一点饿死在异乡，后来尤其地养成了节俭的习惯，在他们那个家庭中，每个人都谨守不浪费物质的信念，从不浪费一滴水，一度电，一片菜叶子，一粒米，节俭是他们家的信条。虽然现在我们的物质水平已经达到了一个新的高度，但是至今他们的家庭还是保持着非常节俭的生活习惯。

虽然我们现在已经成立了自己的家庭，没跟父母生活在一起，但当他看到我这个神经有点大条的人，把家里的灯都开着，在他看来这就是在浪费啊，显然是不能容忍的。我曾在他们家亲身体验过什么叫人走灯熄，全家人都像自动化一样。到了我们的新家庭，这样的自动化似乎还是要保持下去。一旦发现有不一样的情景，那个小男孩就要跳出来了，或许可能就想到了自己小时候的某一刻因为没有关灯被父母教育的情景，或许记起了父母描述的那些艰难的日子，或许体验到了父母那些捉襟见肘的尴尬。经历影响了他的判断，立即对我没有关灯的行为进行指责。而我也是一样，我不仅喜欢灯光，还怕被人冤枉，因为我有过被冤枉的委屈的经历。我本就是个大大咧咧的女子，有时开了灯，走开了会忘记去关，在我看来并不是有意浪费，况且我自己也算是环保人士，所以只要他一开口说不关灯的事情，我的反击模式立马被激起，认为他在冤枉我。然后我们就开始争吵，吵到最后都不知道吵到哪里去了。其实那一刻在吵架的两个人，不过是一个小男孩和一个小女孩，小男孩忠于父母节俭的内在誓言，小女孩可能突然感觉被冤枉，曾经的伤痛再次涌上心头要努力为自己伸张正义。好在我们后来找到了问题的症结，看到了小男孩和小女孩，得到安抚的两个小孩终于都愉快地回到了我们的怀抱，成了我们稳定情绪的一部分力量。

03 "小父亲"实施的家庭教育

我有个小来访者，每次我们在一起的时候，我都能看到他内在的热情和能量，是一个充满生命力的孩子。但是这个孩子在学校可以说是无法适应学校的生活，完全没有规则和纪律意识，经常恶作剧，干扰同学上课，几乎每天都要跟同学发生一些冲突。在我跟这个孩子谈话的时候，每次谈到爸爸，这个孩子的神情一下子就落寞下去。我也还记得这个孩子的爸爸，第一次见面就给我留下了深刻的印象，他是穿着拖鞋来的，衣服也是长短不一，整个人给我的感觉就是特别的随意，像个中二少年。从进访谈室到我们正式开始访谈这期间爸爸就一直在训孩子，让孩子坐端正，包括手怎么放、脚怎么放也去管去斥责。在整个访谈期间，孩子大多是沉默的，讲话之前也要拿眼神看一眼爸爸，确认过眼神后才可以讲话。后来得知，这个爸爸在家更是如此，他在家的时间基本就是修理孩子的时间。这个爸爸自己，在他三岁不到的时候，爸爸就不幸离世了，妈妈出远门打工一直都没有回来。但是幸运的是，他长大成人了，并成功地做了父亲。在他的幼年时期，对父亲权威的渴望和对父母教导与管理自己的渴望有多强烈，可能是没有经过三岁丧父、又遭母亲抛弃经历的人无法理解的。他的这份渴望只能埋在心底，等到有朝一日，他成了父亲，他就要成为他渴望的样子，扮演成自己渴望中的父母的形象，并实施在自己的孩子身上。那一个曾经满怀期待和渴望却得不到的小男孩至今还住在他的心底。

当他面对孩子的时候，"父亲"这个角色首当其冲，内在那个满怀渴望与期待的小孩子时不时地跑出来，告诉他"应该做一个什么样的父亲"。所以在教育孩子的时候，他扮演的父亲角色显得很夸张，很有家长作风的范儿，却又显得幼稚不成熟。我称之为"小父亲"实施的家庭教育。

这个案例中的小孩，在"小父亲"的情绪化和无厘头修理的家庭教育中，无法正常发展出社会适应能力。所以，他身上会表现出这样那样的问题行为。

父母的陪伴对孩子的成长很重要。但我也发现，身边很多的父母，尤其是父亲面对儿子，父亲身上那些"家长作风"很容易被激发。在文化和环境的影响下，人们很多时候只是照着样子在做，但并不知道自己在做什么，以及对孩子的影响是什么。

关于父母养育孩子的话题，始于人类之初，而且会一直延续下去。很多的大家流派众说纷纭，因为人的复杂性，所以无法统一，也无法定论。

有一部老电影名叫《喜福会》，这部电影讲述了四对早期生活在美国的中国母女的经历。有一位母亲对女儿说："我年少的时候曾经生活在中国，而你出生在美国，吃的是汉堡，说的是英语，我已经努力让你受到完全不一样的教育，没想到，你还是走了我的老路，成了我当初的最不愿意成为的那个样子。"虽然这位母亲已经生活在海外，他们吃的是西餐，交流的语言是英语，孩子们根本都已经听不懂和不会说中文，可以说已经完全脱离了中国文化的影响，但最后，这个母亲养育的女儿还是成了她当年最不想成为的那个样子。因为这位母亲内在还住着曾经受苦的那个小孩，这个受苦的内在精神很难不传承给后来自己养育的女儿，母亲通过自己再对那些经历的回忆，重塑，反省，看见曾经受伤的自己，终于能量得以释放，而女儿也从妈妈的精神禁锢中得以释放，获得自我发展的力量。

咨先生与询小姐说

荣格曾经说：成年后我们便都是在修复童年的创伤。所谓内在的小孩，通常的意义是指我们在幼小的时候曾经经历或者体验过的创伤，那些未被满足的期待和负面的情绪体验至今仍影响着我们长大之后的言行。

一切未被疗愈的，都将传承。我们的父母已经步入老年，如今我们能做的有很多，比如看见父母成长过程中的不容易，用我们的爱去滋养他们，这是一种精神上的反哺。另外比较重要的就是看见自己在成长过程中那些不太愉快的经历。当我们能面对之时，便是我们自由之始，也将是我们孩子辈的一大幸事，作为父母的我们养育孩子将可能是一趟幸福的旅程。

第 4 章

穿越『钱』与『情』的迷雾

我有一毛病
关于钱和情
总是理不清
千古一难事
想想都头疼

爱人之间：不用金钱说话的感情就是耍流氓

秦大卫

很多人认为，纯洁高尚的爱情，不能跟金钱挂钩，否则就是有目的的、庸俗的、沾满铜臭的。对于那些"明码标价"要房要车的征婚广告，大家都是一边倒地口诛笔伐，认为那样的女人是拜金女，是出卖自己的灵魂。可是，婚姻除了爱情，更多的是生活。不谈金钱的感情，真的可以维系吗？

01 不提金钱的感情是耍流氓

李女士是一位全职太太，几年前为照顾孩子辞去了工作。每个月丈夫给她有限的生活费，除此之外几乎没有零花钱。李女士虽然不浪费也不追求名牌，但是也有爱美之心，喜欢偶尔逛逛街买些女人常用的物品。她一直希望丈夫能每月固定给她一些钱，除了贴补家用还能自己买点喜欢的东西。丈夫常年在外做生意，按理说并不差钱，但是却一直不同意，觉得如果需要买什么东西的时候两个人再商量好了，没必要每月固定给零花钱。一开始李女士想买东西的时候会找丈夫要钱或者买好让他付钱，但很多时候丈夫要么觉得价格贵，要么没时间陪她逛，让她觉得很不方便。李女士娘家经济条件并不是很差，所以有时候她不得不向父母伸手要钱。父母虽然心疼女儿也愿意给女儿钱，但是替女儿感到委屈，觉得女儿这么优秀，现在却要辛辛苦苦养育两个孩子，而且手头连灵活机动的钱都没有，太可怜了。老两口有时候会骂女婿，有时候会流泪感慨女儿命不好，有时候还会拿别人的老公和李女士的老公做比较，说别人家的老公多么多么好。李女士的心情越来越差。她越来越觉得没有经济地位的婚姻是非常难过的。于是她跟老公摊牌，没想到老公十分不理解，说自己在外面辛苦养家，责怪李女士不仅不养家，还这么贪心。李女士感到十分委屈，觉得自己也不是很差，是为了婚姻才放弃了很不错的工作。现在在外人看来，嫁给了一个小老板，看起来过上了光鲜富有的生活，实际上却是连一点零花钱都没有的拮据生活。"我不能跟他谈钱，一谈钱他就发飙，觉得我很可恶，骂我不理解男人的压力和赚钱的辛苦。"李女士说，"可是我要求的并不多。我有时候觉得自己很没用，想出去工作，可是好多年不工作了，同龄的人都混到了一定级别，而自己如果工作的话只能跟年轻人一样做一些初级的工作，心理上也接受不了……"

李女士坐在咨询室里说出上面一席话的时候，眼泪不停地往下掉，让人感觉到她无比的委屈和难过。李女士的遭遇，让我们感到同情。然而，像李女士的这种情况并不少见。

前段时间在脸书上的一个帖子，引起了网友的疯狂转发，也一度刷爆了微信朋友圈。我认为文中描述的来访者心理，和李女士先生非常相似。帖子讲述的是一个在银行工作的丈夫和自己的心理医生的对话，这个丈夫正在抱怨自己的生活。

医生：请问先生，你是从事什么职业的？

丈夫：我是一名银行会计师。

医生：那你的妻子呢？

丈夫：她不上班，她就是一名家庭主妇。

医生：你们家谁做早饭？

丈夫：我老婆，因为她不上班。

医生：那你老婆都什么时候起床呢？

丈夫：她起得很早，因为一大早有很多事情，她得给上学的孩子们准备午饭，确保他们都穿好衣服，梳洗干净。孩子们吃好饭，刷好牙，收拾好书包之后，她要给小宝宝换尿布和衣服，还要给小宝宝喂奶和准备零食。

医生：你的孩子们怎么上学呢？

丈夫：我老婆送孩子上学，因为她不用上班。

医生：那把孩子送上学之后，她做什么呢？

丈夫：一般会花点时间去想想接下来该做啥，趁着还没回家的时候，抓紧时间把该做的都做了，比如去缴费，去超市购物等。回家之后要给小宝宝换尿布，再给小宝宝喂奶，确保小宝宝是干净的。小宝宝睡觉之后，她要去收拾厨房，然后洗衣服，整理房间，你知道的，因为她不用上班嘛！

医生：那么晚上，你下班回家之后，通常都做些什么呢？

丈夫：当然是休息啊！在银行工作了一天，我很累的啊！

医生：那么你老婆每天晚上都做什么呢？

丈夫：她给我和孩子们做晚饭，然后洗盘子洗碗，再收拾一遍房子，喂狗，辅导大孩子们做作业之后，她要帮大孩子们换上睡衣然后哄他们上床睡觉。之后要给小宝宝换尿布、喂奶，哄小宝宝睡觉，如果有需要的时候，半夜还要给孩子换一次尿布，因为她又不需要早起去上班。

当这位丈夫说到这里，我们可以看到，即使是从他自己嘴里，大家也能听出作为一名家庭主妇，为家里奉献了多少，她并不比一天上八个小时班的丈夫清闲。有人说，作为一名家庭主妇，每天工作二十四小时，她需要是一个母亲，一个女儿，一个闹钟，一个厨师，一个女佣，一个管家，一个媳妇，一个保姆，还要是一个护士，一个工人，一个保安，一个咨询师，一个安慰者……没有年假，没有病假，没有医保。

如果说雇一个保姆需要给她工资，找个性伴侣需要提供报酬，为什么娶个太太，她付出这么多，却不用给报酬呢？这和耍流氓有什么差别？

02 合理的索取，并不可耻

基于感情的婚姻关系，对于物质合理的索取，并不可耻。

爱情可以是虚幻的、形而上的，但婚姻是爱情的延续，需要物质基础的保障。婚姻不是海市蜃楼，也不是水中捞月。中国古代就有 "贫贱夫妻百事哀" 这个说法，也道出了婚姻生活的不容易和物质基础的重要性。另一方面从生物进化的角度来看，在生物界，雌性为了保证自己腹中的下一代顺利生产、长大，本能地会寻求安全、稳定、食物充足的环境。由此可见，即使到了人类社会，女性对婚姻提出物质要求，本是无可厚非的。所以，如果从这方面来看，那些 "要房、要车" 的征婚启事，就显得没那么荒诞了。

但是我们强调上述的索取是基于感情基础的合理的物质索取。而以物质为目的的婚姻，是不提倡的。没有感情的基础，这样的婚姻，依然是空中楼阁，经不起风雨。

03 遇到这种 "流氓"，该怎么做呢

可能有人会问，现实生活中，如果真的遇到了李女士遇到的困境，我们需要怎么处理？

我真的知道我想要的是什么吗？

经过足够的沟通之后，我发现，李太太的咨询目标，除了获得经济独立，还有人格独立。她并不想做一个时时刻刻依附别人的人。如果她不想重复以前的模式，那么她需要向前迈一步，走出这个困境。而这一步是什

么呢？可能每个人的选择都不一样。有的人可能选择不做重大改变，而是接受事实，在不理想的家庭环境中尽量找到生活的意义；有的人可能选择跟另一半进行深刻的交流；有的人可能选择跳出家庭的禁锢，重回职场；还有的人，可能来找咨询师，只要宣泄一下自己的情绪就行了。

我可以做到的改变有哪些？

在这个过程中，咨询师会跟李太太探讨她可以从哪些方面进行改善，以及如何实现。比如：

"目前你能想到的解决方法有哪些呢？"

"这个解决方法，如果去实施，可能会遇到的困难是什么？"

"你有没有准备好面对即将遇到的困难？或者我们可以做哪些准备呢？"

通过这样的问答和互动，李太太跟咨询师一起整理思路，并探索可行的方法。

要不要继续做全职太太？这个问题需要权衡。

现在二胎政策放开之后，很多家庭增添了第二个宝宝，职业妇女已经显得不堪重负，很多人开始考虑做全职太太。这个时候，我会建议如果选择做全职太太，要谨慎，要考虑到以下四点不利后果：

一是经济上不能自主。当你没有工资收入的时候，每一笔要花的钱都要从丈夫那里来，这种情况和自己赚钱自己花相比缺少了很多灵活性。如果不巧碰上了像李女士老公那样不理解人的男人，那么事情就会变得更糟。

二是严重和社会脱节。正如李女士提到的那样，在做全职太太期间，和外界社会基本隔离了。当几年后，打算重回职场的时候，发现自己的知识、眼界已经赶不上同龄人了，所以，再就业可能会面对一定的压力。

三是外表形象有可能会改变。全职妈妈因为整天要和孩子、家务纠缠在一起，很难有时间和精力修饰自己的外表。如果每天衣着随意，甚至蓬头垢面，这样会慢慢消磨自信心。并且会降低对丈夫的吸引力。如果遇上不太会体谅对方的丈夫，他可能会忽视妻子辛苦的方面而放大邋遢的一面，影响夫妻关系。

四是会面临封闭的环境、封闭的心情。我们发现，在全职妈妈中，发生产后抑郁症的概率更大。这是因为持续在一个比较劳累、睡眠不足且单调的环境下，心理产生的疲惫、空虚和无用感，会久久难以疏解。而白天如果可以上班，换一个开放的环境，换一个心情，展现靓丽、自信的自己，会大大降低产后抑郁症的发生概率。

选择做全职太太，很多时候并不是坐享清闲，而是隐形地付出。在做出这个决定之前，希望能考虑清楚。

这并不是说所有的全职太太都不会幸福，这个世界上幸福的全职太太也很多，前提是能乐在其中，并且有一个懂得自己辛苦的男人。所以，在决定做全职太太之前，除了问一问自己准备好付出没有，也想想对方是否也准备好了理解、信任和各方面的实际支持。

如果真的在做了全职太太以后遇到了困境，我们还是提倡夫妻双方能够好好地探讨存在的问题，正确地表达自己的诉求，而不是一味地逃避问题，或者采用大吵大闹的方式。

咨先生与询小姐说

婚姻中的金钱观，既跟理解和信任有关，也影响着婚姻的质量。

面对在婚姻中有 "受伤" 感受的来访者，咨询师在咨询的过程中，可以给予她充分的倾诉机会，理解来访者的处境，在她平复心情之后，一起探讨改善的思路。但是作为职业的咨询师，应该时时提醒自己，站在中立的角度处理问题，避免偏袒某一方。毕竟，难题的解决，是需要他们各自成长、彼此沟通来实现的。

李太太最终选择了重回职场，后面的道路无法预知是否平坦，但只要是自己选择的，带着自己的勇气去走这条路，就值得肯定和祝福！

借钱与报恩——好亲戚都懂得借钱的分寸

陈英丽

> 报恩对于懂得感恩的人来说，
>
> 是一种带有诱惑性的情结。
>
> 有时候报恩成了一种强烈的心理需要，
>
> 以至于会产生"心理盲点"，
>
> 使我们忽略了方式和时机的重要性。
>
> 为了报恩而报恩，
>
> 到底是利己还是利他呢？

　　中国人的传统文化讲究亲情和互助，亲戚之间互相帮忙，有金钱来往是很常见的事情。在多年以前，遇到娶媳妇儿、建（买）房子、孩子上学、大灾小病之类的事情，只要是真实充分的理由，亲戚甚至邻居都会伸出援手，多多少少给予一点支持或安慰。随着时代的发展，除了前面这几种需要花钱的事情之外，人们需要用钱的地方越来越多，比如各种各样的投资需要急用钱、孩子上昂贵的外国语学校需要花钱、做生意需要资金周转等，不一而足。这些新型的借钱理由突破了传统思维，借或是不借，不同的人会有不同的看法，不少亲戚间的矛盾也因此而起。

01　T 先生说：借钱为报恩，不必问理由

　　T 先生最近跟妻子的关系比较紧张，原因跟亲戚借钱有关：一位老家

的亲戚，平时不常联系，一个月前的某天突然打电话来要借 3 万元。T 先生的第一反应就是借给他，因为自己手里能够拿出这个钱来，更重要的是自己小时候，这位亲戚的父母对他很是照顾，旧年的恩情他一直铭记在心，希望能有机会报答。T 先生的妻子认为，钱可以借，但是前提要先问清楚借钱的缘由。T 先生认为自己已经问过对方了，对方既然不愿意明说，那可能有难言之隐，成年人有些事不方便说也很正常。于是他不顾妻子的反对把钱借了出去。妻子认为 T 先生在金钱方面的决定过于草率，而 T 先生则认为妻子顾虑太多。大概半个月后，这位亲戚又打来电话，希望再借 5000 元，说自己原来以为借 3 万元就够了，结果还差一点。T 先生的妻子这个时候觉得不对劲儿，就给老家的其他亲戚打了电话了解情况，一问不打紧，原来这位借钱的亲戚半年来迷上高额利息理财，月利息超出常规存款数倍。不但把自己家的积蓄投了进去，还绕着弯子借了好几位亲戚的钱也投了进去。此人坚持认为自己了解行情，不会被套住，其家人怎么反对都无法说服他。现在老家的亲戚们都不肯再借钱给他了，于是他就找到了在外地工作的 T 先生借钱。更糟糕的是，借钱人的妻子对丈夫的投资选择并不支持，当她得知丈夫又借了外债的时候，又气又急，认为 T 先生没有了解情况就直接借钱给他是"助纣为虐"，并透露出如果理财的钱被套住了，恐怕无力偿还他这 3 万元。这些消息让 T 先生的妻子非常震惊和担忧，进而满腹牢骚，自己早就提醒过丈夫要问清楚情况再做决定，他不但不听，还误会自己心肠不好。现在知道真相了，不但钱要回来的概率很小，而且还落得人家妻子的埋怨。但 T 先生认为，自己肯借钱给他，主要是考虑到往年其父母给予的恩情。当年人家父母资助他上学的时候，也没有像其他亲戚一样啰啰唆唆地质疑他上了学是不是一定会有出息，所以这一次他压根儿也就不需要知道对方为什么借钱。再说对方是成年人，有权利决定自己的钱怎么投资，何必多干涉呢？妻子通过这件事情认为 T 先生在处理钱的问题方面没有分寸，害人害己，要求将家庭存款从 T 先生名下换到自己名下，以免今后再发生类似的事情。为此两人多次争执，冷战至今。

02　带有诱惑性的报恩：实质是心理盲点在起作用

17 世纪，物理学家马里奥特（Mariotte）发现了人类眼球上的盲点。人的视网膜上存在一部分没有感光细胞的区域，当物体的影像落在这个地方不会引发视觉，虽然它就在你的面前，但你一点也察觉不到它。生活中我们同样有着许多的盲点，有太多我们视而不见、考虑不周的误区，从而导致了错误的认知和行为，这就是"心理盲点"。

在 T 先生的故事中，他把报恩简单地等同于借钱，从而在借钱给亲戚的事情上不假思索，草率做决定。虽然我们无法预知借钱人的投资是正确还是失败，但风险肯定是存在的，关键是这个借钱行为并非是对方家人一致赞同的需求。而一旦投资失败，T 先生的借钱行为就被验证了是"助纣为虐"。有可能不但不被感谢，反而被对方的家人责怪，也会给自己的妻子带来压力和烦恼。也许他觉得问心无愧，但是他显然没有考虑到双方家人的感受。

如果换做是别人来借钱，T 先生也会这么爽快吗？并不是。他会像我们大多数人的做法一样去询问对方借钱的缘由和合理性，必要时还会通过一些渠道去验证借钱人的说辞，在借出之前也会考虑妻子的意见。只是因为这位借钱人的父母曾对他有恩，报恩对他来说是一种强烈的心理需要。

当报恩成为一种强烈的心理需要，在这种心理需要的驱使下，有意也好无意也罢，他对该核实的信息和妻子的意见视而不见。这其实也是一种"心理盲点"。

报恩对于懂得感恩的人来说，是一种带有诱惑性的情结。心理学名家李鸣老师认为"情结是一种强烈优势的情感集团"，人一旦遇到跟情结相关联的事情，这种占强烈优势的情感集团便会控制我们的思维和行为，诱惑我们在无意识中丧失平时的理性和判断。

当然，报恩本身并没有错，只是方式和时机也同样重要。

03 为了报恩而报恩：实质上是利己的表现

T 先生多次提到"借钱就是为了报恩"，他回避甚至反感妻子询问借钱的缘由，即使他后来知道了借钱人的投资行为存在很大的风险，有可能血本无归，他仍然坚持认为自己这么做是正确的。

从中可以看出，T 先生借出去钱这件事的出发点，只是满足他自己报恩的心理需要而已，并不是出于"利他"的动机。如果说当年对方父母资助他上学是一种利他行为的话，那么 T 先生今日的报恩行为其实与之并不匹配；相反，T 先生的妻子要求先问询清楚借钱理由再做决定，倒反而在客观上是利他的。

我们可以做个对比：T 先生当年从亲戚那里借钱的时候，大家都知道借钱的原因是为了求学，也都认可这个借钱的理由；然而 T 先生借出钱的时候，却根本不需要借钱的理由，为什么呢？原因有以下三点。

- 他害怕对方指责他不懂感恩，因此不愿意澄清借钱的缘由是否合理；
- 他需要的是报恩以后的心安理得，而不是借钱到底对别人有什么好处；
- 他不想让别人干涉他实现报恩的愿望，哪怕是违背双方家人的意愿。

他潜意识里一定在想：终于逮到机会报恩了。

他急于满足自己报恩的心理需求——满足了自己，却把更大的风险和不安丢给了别人。

明明是人见人爱的报恩，却演绎成了两不相宜的选择。

04　好亲戚都懂得借钱的分寸：如何看待借钱那些事儿

当很多人感慨亲情淡漠的时候，T先生家的亲戚们，在彼此需要的时候能够给予金钱上的互助，无疑算得上是重情义的好亲戚。然而，即便是好亲戚，也应该把握好借钱的分寸，在金钱往来方面要有适当的规则和界限。

首先，借钱的金额较大时，需要公开透明、合情合理的原因。否则可能害人害己，借出去的钱打水漂不说，也在客观上"助纣为虐"。

其次，如果决定借钱给别人，要考虑目的和结果的一致性。如果目的是好的，但是方式和时机不对，那么结果可能很糟糕，与目的背道而驰。

第三，救急不救穷，帮困不帮懒。这是一句老话，包含了以下四种意思。

- 遇到生、老、病、死等意外紧急事件，经济上一时困难、急需用钱的情况，可以伸出援手，因为这些事情合情合理；

- 单纯的借钱并不能把穷人变成富人，反而会助长穷人的依赖心理，认为借钱是"理所当然"的；除非你确信对方是知足和上进、值得你相信的人。

- 自己不清楚底细的生意，在借钱给做这类生意的人之前，最好三思而行。

- 生活中难免有一些"大钱赚不到，小钱看不上"、经济条件不好却追求高消费、好逸恶劳、惯于投机取巧之人。借钱给他们，只是满足了他几次奢侈消费而已，并不能真正地起到帮扶的作用。

咨先生与询小姐说

亲戚间的互助和帮扶是人间温情，感恩之心和报恩行为更值得欣赏。然而，借钱的时机和方式，以及报恩的时机和方式，都是值得思考的。如果时机不对或者方式不妥，宁可婉言推辞或拒绝。

富家太太：我是真的养不起一个女儿

秦大卫

　　大家都说，钱能解决的问题，就不是问题。

　　当今社会，钱能解决的问题，越来越多，那么，
似乎富人所面临的问题，理所当然地就会越来越少。

　　然而，现实中真是这样吗？

01　我该怎么说服老公不要二胎

　　G 太太绝对算得上富家太太了，老公是多家工厂和贸易公司的老板，
员工上百人，资产过亿。G 太太是老公的第二任妻子，老公和前妻育有
一子，已经成年，正在谈恋爱并准备两年内结婚。G 太太与老公也育有一
子，正在读初中。近些年来，随着二胎政策放开，老公想再要一个孩子，
能生个女儿最好。可是 G 太太不这么认为，她一方面害怕疼痛，另一方
面她觉得他们的经济条件是养不起第三个孩子的。老公觉得自己家的经
济条件没问题，多次商量，G 太太都不松口。老公非常生气，骂她"神经
病瞎操心"，还扬言到外面去找人生个女儿回来。G 太太虽然知道丈夫不
一定真的那么做，但是自己也感到非常委屈。她自认为不生的理由是充分
的：大儿子快结婚了，丈夫打算花二千多万买套别墅做他的婚房，再加上
其他婚嫁开支，差不多要花掉三千万。小儿子将来要出国留学，也要攒学
费给他。另外，由于实体经济低迷，竞争又激烈，工厂和贸易公司的生意
越来越难做，欠款经常收不回。虽说家业不小，但是能拿出来自由支配的

金钱也是有限的。更何况，现在生孩子养孩子的人力成本和金钱成本多大呀……

G 太太在万般苦闷的情况下，找到咨询师，想问问咨询师：她到底要怎么办，怎样才能说服老公不要再让她生二胎了。

咨询师首先利用共情和倾听的咨询技术，先对 G 太太的焦虑情绪进行疏导。然后抓住 G 太太谈到的主要矛盾进行展开讨论。

02 大部分人共有的焦虑

咨询师问："生养一个孩子，需要多少钱呢？" G 太太给咨询师算了一笔账："父母年纪都大了，不可能专门来照顾她和孩子。所以怀孕时就需要两个保姆，分别照顾她和负责孕妇餐。生孩子住院要单间和最好的医生，至少要两三万。孩子出生后，住月子中心又要十来万。回来后还要增加一个照顾孩子的保姆。这样，孩子一出生，就得花个二十多万。加上几个保姆的费用，每年得有四五十万的支出。等孩子上了幼儿园，双语幼儿园每年的学费至少十几万，每年的医疗、大病保险又是好几万。如果上了小学，现在好的双语学校至少要二十多万，这还只是学费。算上衣服、书等学杂费，还有学校的课外活动费用，至少十万。除此之外，每年带孩子去旅游一两趟，来回机票加上花销又是好几万。每年孩子头疼脑热，去看医生，又要花两三万。还不算需要上的兴趣班、辅导班。这么算下来，一年就要花五六十万才够啊！这才是平时的花销，我们还要考虑给她攒钱，以后出国留学用，再长大一些，还要考虑给她买车，和准备出嫁时的嫁妆。她的哥哥，我们给他买了两三千万的房子，所以给她至少不能少于一千万吧，所以，现在每年都要给她准备一两百万才够啊！"

咨询师说："我看到有些生二胎的家庭物质条件远没有您家这么好，看了您上面物质部分的计算，我会猜想他们也许会承受更大的压力吧？"

G 太太说："是呀，我不理解！也不明白他们怎么会敢要二胎呢！"

"可是我也会看到一些家庭真的很享受多子的乐趣，即使在我看来，他们的收入只是中等甚至一般的水平。"

G 太太说："他们的孩子很可怜吧。我可不愿意我的孩子受那么多的苦。"

说到这里，其实我们能看到，如果 G 太太担心的是上述这些的话，这并不只是存在于 G 太太身上的问题，也不只是生二胎的问题，而是当今社会普遍存在的问题，大家普遍焦虑值偏高，有钱人并不能置身事外。2017 年 7 月，中国首份财富焦虑报告——《平安财富宝国人焦虑指数报告》正式对外发布。报告得出一系列有意思的结论，其中最重要的一点结论表明，富人并不比穷人焦虑更低。报告展示，我们目前生活在这样一个时代：无论是月薪二万，还是年收入百万都觉得钱不够花，从身价上亿的"60 后"，到"70 后"的千万富翁，再到初入职场的"90 后"，每个人都有不同程度的焦虑，焦虑似乎已经成为一种时代病。报告指出，当前社会国民对财富需求的膨胀已达到历史高峰，而财富的不确定性也达到了前所未有的程度。高期望值与高不确定性之间存在的严重落差，让国民产生巨大的精神压力。

G 太太看上去很符合这样一个焦虑的状态，担心老公公司生意不好，承担不起以后生养孩子的费用，以及孩子长大后的房子、嫁妆等，而且 G 太太对自己的担心和焦虑毫不隐晦，但是原因真的是这样吗？

03　水下隐藏的冰川

在掌握基本信息后，咨询师应该抓住主要矛盾和敏感信息，进行深入探讨。

G 太太看上去拥有普通人都有的焦虑，但为什么她的焦虑和内心矛盾这么突出？我们知道，来访者描述的问题，很有可能是表面的现象，只是浮在水面上的冰山一角。我们可以做几个假设：G 太太真正困扰的，是二胎的问题吗？如果答案是肯定的，那么，G太太不想生二胎的原因真的是经济因素吗？有没有没有透露的深层次原因？G太太的原生家庭是什么样的？有几个兄弟姐妹，兄弟姐妹之间的关系如何？是不是因为兄弟姐妹不和，或者没有得到父母公平的对待，导致G太太对于生第二个孩子有抵触？G太太有提到害怕疼痛，是什么让她这么害怕疼痛？是因为第一胎的生产不顺利吗？另一方面，G太太有提到老公曾扬言要到外面找个女人生个孩子，那么G太太和老公平时的关系如何？是什么让G太太这么担心？作为咨询师，首先要有对信息具有敏感性。来访者不一定故意隐瞒，这也是为什么需要咨询师帮助来访者拨开迷雾，看清自己的原因。

G太太在咨询中，多次提出不能生二胎，希望咨询师能帮她想办法说服老公。咨询师应该直接答应G太太的要求吗？一般情况下，咨询师不会直接回应这个问题。原因主要有两个：第一，咨询师不应该替来访者做决定。心理咨询的目的是让来访者自己获得力量或者看清问题，继而得到自我成长，咨询师不能代替来访者成长。第二，来访者有时往往自己心理已经有了一个答案，来到咨询师这里只是寻求支持。那么，咨询师会做什么呢？咨询师做的是：与来访者一起讨论，梳理思路，抽丝剥茧，帮助来访者看清自己内心真正的诉求，这样才能针对诉求寻找解决之道。

而最终，G太太的故事是怎么结尾的呢？大概出乎大家的意料。在来访者和咨询师之间建立了充分的信任之后，G太太最后讲出了最根本的原因，那就是在认识现在的老公之前，她堕过几次胎。医生当时就跟她说她的子宫已经十分的脆弱，怀孕是十分危险的。之后和现在的老公认识并结婚，怀了孩子后，度过了兢兢战战、小心谨慎的十个月，还好母子平安，安全生产。没人知道G太太到底经历了多么难熬的十个月，她经常梦见自己肚子破个洞，或者孩子生出来是畸形，醒来已经哭湿了枕头。G太太实在不想再经历这样不堪回首的阶段，也不敢再冒这个险了。再次生育不仅会殃及自己的生命安全，同时也有可能让老公有机会知道自己的历史污点。

最终，似乎，咨询师并没有帮她去想办法说服她老公，那么，这问题没解开吗？当然不是。首先，来访者需要做的是面对自己。通过几次的咨询，G太太获得了面对现实的勇气。这些她认为不能克服的困难，不能逾越的障碍，她必须自己去面对。在她有了勇气去面对的时候，不管最终采用何种方式去应对，她会发现，也许，并没有想象中那么难。

咨先生与询小姐说

这个案例表面上是富家太太和老公之间意见不合的问题，是太太对金钱的焦虑导致，但咨询师的日常工作并不是人云亦云，浮于表面的。人的思想有时候是复杂的，无序的，我们需要帮助来访者拨开迷雾，一旦我们帮助来访者拨开迷雾，抽丝剥茧，让来访者看清自己的内心，也许事情就没有那么复杂了。也希望读者在被烦事困扰的时候，关注自己内心真正的需求，能学会化繁为简，找到解决问题之道。

合伙人：我被最好的朋友辜负了

晓芙

> 那一刻，他的内心压着一股冲动，痛苦而强烈：
> "你怎么可以这样对我！"
> 因为，
> 曾经，他们共同拥有追梦的万丈热情，甚至连灵魂都连接在一起；
> 曾经，当他们望向对方，看到的是清明透彻、无比真诚的双眸；
> 曾经，他们是最好的朋友！

"千万不要跟丈母娘打麻将，千万不要跟比你想法多的女人上床，千万不要跟最好的朋友开公司。"这是香港导演陈可辛的电影《中国合伙人》里面的台词。当时，说这句话的是作为合伙人之一的具有文艺范儿的王阳，而其他两个合伙人则刚刚扭打结束，正衣衫不整、狼狈不堪地喘着粗气。很多人，特别是做企业的人士，听到这句话时很容易被触动，重点就在最后那三分之一句。这能激起他们内心强烈的情绪，甚至让他们重新体验一遍激情、梦想、鼓励、冲动、怀疑、纠结、痛苦、迷茫……作为人，很多时候无疑会受到感情的影响，这就决定了跟好朋友一起做事时，或许种种关系处理起来会更加微妙复杂。

01　他在纠结怎么做：一边是情，一边是钱

"当初因为大家是很好的朋友，相互知根知底，才会做合伙人。"X 先生坐在咨询室的沙发上，木木地说。两年多前，他选了自己最好的朋友 Z 先生合开了一家贸易公司，出于信任，X 先生让 Z 先生做法人兼总经理，自己负责营销业务。X 先生觉得自己很忙碌很用心，日夜操劳。相比之下，Z 先生不用风吹日晒，只是待在公司安排发货和采购等，没有那么辛苦。公司成立之初，工作上的分工是根据双方的特点划分的：X 先生性格开朗健谈，机智灵活，很适合做业务；而 Z 先生性格沉稳，心思细密，而且在大公司做过企划工作，管理方面比较有经验。

可是，公司开业两年多来，两位好朋友却渐渐有了隔阂。他们每半年会给员工包括自己核算一次奖金，Z 先生给 X 先生计算和发放的金额，每次都低于 X 先生的预期，而且每次都有理由，比如为了公司运行需要做资金积累，员工工资成本提高，客户经常修改订单造成员工加班时间增多，或者供应商涨价等。但在 X 先生看来，情况不至于如此严重，再加上有些员工本来就是 Z 先生的亲戚，于是 X 先生慢慢地怀疑 Z 先生假公济私，克扣了属于自己的奖金，补贴到了自己的亲友团身上。强烈的"被辜负"的感觉让 X 先生非常气愤和失望，甚至想散伙。但想起两人多年的友谊，X 先生没有勇气去跟 Z 先生做一个面对面开诚布公的交谈，"我现在很郁闷很难过，很讨厌进公司，时而想到我们多年的交情，时而又感到很委屈，觉得谈也不是，不谈也不是，不知该怎么办。"

看得出 X 先生的负面情绪已经积压了很久，所以他一口气讲完故事之后，靠在沙发上，长长地舒了一口气，好像内心长久的郁闷也随之释放了出来。

02 他无数次在脑中预演和好友谈崩时的场面

再次见面时，X 先生看似少了些抑郁之气。我问他近一周总体感觉怎么样，他回答说比之前稍微好一点，上次和我说了整个事情之后，感觉人整体上比之前舒服很多了。

"从你上次的讲述中，我能感受到，你是如此珍惜你们的兄弟情谊，所以你久久下不了决心跟 Z 先生好好谈谈这件事情，你感觉这样做很冒险，或许也不知道到底值不值得这样做。"我向 X 先生投去柔和的目光，轻轻地说道。

"是的，毕竟那么多年了，从小一个弄堂长大，虽然后来读书不在一起，但寒暑假总是有空就一起活动，毕业后我们也是同时进社会……可是，我也不想一直被不公平地对待！"X 先生说着又有点激动起来。

"我知道你曾试图和 Z 先生去谈谈这件事，但你一直没有。你是否想过是什么阻碍了你呢？"咨询师问。

"这一点，我自认为还是比较清楚的，就是怕失去这份友谊呗。"X 先生回答。

"哦，当你想到你们在谈这件事情的时候，你会具体想到些什么呢？或者，你头脑里会经常出现些什么画面呢？"

X 先生想了一下说："有，脑子里面会出现这样的场景，就是他或解释，或不承认，或我们激动地争吵，最后大家不欢而散，或许以后都不再往来的那种。"

"嗯，听上去真的很难，你有没有曾经想象过会有其他情况的场景呢？就是说，跟你现在想象的情况会有点不一样……"我细细地询问。

"不一样？您是指……我跟他谈了，大家开诚布公地沟通，我们都明白了对方的想法和做法，结果还不错，是这种吗？"X 先生不确定地说。

"是的，这个结果有可能吗？"

"偶尔也会想到这个结果，但我的头脑中不会出现这样的场景和画面，因为我很难相信会有这样的结果。"X 先生说。

"也就是说，你甚至都不敢想象会有这个结果，是吗？但是，恕我直言，由你前面的讲述，似乎目前真实的情况是：很多想法只是你自己的猜测，并没有什么有力的证据来支持你的想法。而且，如你所说，你们是多年知根知底的朋友呢。"

"那您觉得应该会是这个好的结果？"X 先生问。

"我不知道会不会是这个好的结果，但是我知道：至少这是一种可能，目前并不能排除这个结果。"我真诚地看着 X 先生，温和地说。

X 先生接下来没有说话，目光对着手里的茶杯，但我知道，他并不是在看杯子，而是刚刚的谈话对他有所触动，正在引发他的一些思考，这是咨询师所希望的，所以此时此刻并没有去打扰他。

几分钟之后 X 先生回过神来，告诉我说："我刚刚想到一些前阵子我和 Z 先生在做事上的细节，感觉他平时对公司的事情应该还是兢兢业业的，很仔细，很多事情都自己亲自去做。还有，有一次晚上我和客户吃晚饭结束后回公司拿点东西，还看到他在加班点货和理账，那时都快 10 点了。"

X 先生眼神幽幽地接着说了下去，声音不高，像是在自言自语，他的主要意思是，自己是不是想得太偏了，当自己越往某一点上去想，最终就是越像自己所想的那样，越来越沉浸在想象的泡沫中无法自拔，情绪也越来越坏；然而毕竟是那么多年的哥们，他现在怎么显得对他们的友谊一点信心都没有，总是想象得那么不堪，假如对方知道了他目前的想法，会有什么样的感觉？是不是会感到诧异？不解？甚至也会觉得委屈呢？

"您说我是否需要约个时间和 Z 先生谈谈？"X 先生突然问。

"你觉得呢？"我笑着说，并没有回答，而是接着和他分享了以下有关负性自动思维的内容。

美国心理学家埃利斯经过长时间的研究，概括出了十二种最常见的负性自动思维，其中有一个就是"情绪推理"，即情绪＝事实：把糟糕的情绪直接当作事实来看待，并以此决定自己的行为。如，"这个人让我不舒服，他一定是个坏蛋"，"我觉得好悲伤，一定是他不要我了"。总之，负性思维是我们脑中自动出现的，它们总是从消极的、不利的一面看问题。

在本案中，X 先生总是最先想到不利的结果，并且在头脑中无数次想象这个画面，这样做会越来越多地调动自己的负面情绪，久而久之，自然会不知不觉地在意识中把这种想法和自身进行了融合，而直接反映出来的就是在心中把想象当成事实。既然他已经把这个假设出的可怕的后果当成了事实，出于本能，他又怎么能给另外一种结果以同等的空间呢？所以只能是"偶尔会想到这个结果"，同时，他也"很难相信"有可能的正性结果，因此，暂时被这个虚构事实欺骗了的他被自己的糟糕情绪笼罩着，不可能再有足够的勇气比较客观地去面对自己正在纠结的事情。

X 先生说，确实是这样的，很多时候当他想集中心力想去理清思绪或者准备去解决问题的时候，脑子中时常存在的那个不好的画面每次都能让他感觉到恐惧，继而产生很大的无力感，最后让他感觉更乱。X 先生问："是否有什么办法能让我不总是这样想来想去？"

其实，为了避免负性自动思维带来坏情绪，不让我们陷入负性思维和坏情绪相互影响的怪圈，一般可以做如下简单三步。

第一步，当负性思维出现的时候，对自己说"等一下，这只是我头脑中出现的想法，不是事实"。

第二步，带着好奇心，去仔细观察自己的这个"想法"，去了解它。

如果它现在仅仅是想法，还没有带来情绪和身体上的影响，那么，承认自己有这个想法，允许它待在那儿，或者，让它像头上的云彩一样，轻轻地飘过。

如果它已经带来情绪和身体方面的影响，那么，去仔细感受一下它在你身体的什么部位，看看它会是什么形状，去感受它是什么温度、密度等，然后，对着它试着深深地呼吸几次，让它的周围充满空气，给它一个空间，接受它待在那儿。

第三步，回到你正在做的事情，继续去做这件事；或者是重新去做你想做的事，或你原计划要做的事情。

这次咨询快要结束时，X 先生说，他刚开始和咨询师谈论这件事情的时候，他感到很郁闷、委屈，心底憋着一股气，总想着去找 X 先生对质，现在，他想得更多的是要重新仔细地想想他是否真的需要去找 X 先生谈这件事情，如果谈，怎么谈，如果不谈，怎么和自己交代。不管怎么做，他需要理清自己的思绪，在内心平心静气地给自己找谈或不谈的理由。

听他这么说，我由衷地感到欣慰。咨询中，经常会看到，有些人的领悟和成长需要一个相对较长的过程，而有些人的成长却是如此之快，内在的奇妙变化也许就在某一刻某一点。所以说，每个人都是不同的，每个人都是独特的存在，在咨询的过程中，唯有贴合每个来访者的个人特点，了解和顺应其节奏，才是对他最适合的。

03 "儿童式自我心态"阻碍和束缚了他

在接下来的咨询中，X 先生陆陆续续讲了一些他平常在工作上和同事以及客户的往来和相处情况。基于此，我和 X 先生的探讨走向了更深层次。

大体上是这样的，X 先生对 Z 先生、同事以及客户都比较直率，这是他比较吸引人的特质之一，所以，和公司的同事相处很融洽，很多客户都非常信任他，愿意和他沟通和来往（业务关系和业务量很好）；而另一方面，很多时候，即使他对公司事情不赞同，也不愿意有正面冲突，因而有时自感委曲求全。他还感觉 Z 先生做事沉稳，所以对他比较依赖，甚至有时还认为 Z 先生是公司的"定海神针"，无形中看低自己的价值，这也是他为什么始终鼓不起勇气找 Z 先生谈的一个原因。

"大家都觉得我开朗活泼，很能干，有能力，我也不知道自己内心里为什么会对 Z 先生有这样的依赖感，有时有异议却鼓不起勇气讲出来。其实我也知道心平气和地说出来，大家一起讨论一下也很正常啊，真是奇怪。"说到最后，X 先生露出有些复杂的神色，其中有不解、无助，还有探求。

"是啊，有些时候我们能够感觉出自己自相矛盾的地方，却仍然还是延续着这样的状态，而且不知道为什么会是这样。"我感慨地说。

通过他的讲述，作为咨询师，我很容易看出 X 先生的外在交往行为模式：偏向"儿童式自我心态"。当我向 X 先生提到这个概念的时候，X 先生不能理解它对于自己意味着什么。于是，我结合他的具体行为表现对其具体解释了什么是"儿童式自我心态"以及他的哪些日常行为显示出了这种心态。

"儿童式自我心态"来自于美国心理学家伯恩（Eric Berne）二十世纪五十年代创立的交互分析理论（transactional analysis，TA），这个理论剖析了两人交往时一般会采取的自我心态或者是自我心理定位，它分为三种心态：（1）父母式自我心态；（2）成人式自我心态；（3）儿童式自我心态。

儿童式自我心态，由童年经历所形成，表现出本能的、依赖性的、创造性的或逆反性的心理。具有儿童式自我心态的人，希望得到他人的批准，更喜欢立即性的回报。代表儿童的天真、好奇、委曲、任性、依赖、直率、无可奈何等，不敢做肯定的答复，也不敢反抗，对自己的能力与价值没有明确的认识。语言上比较富有感情，比如"我希望，我想要……"情感表现上有"流泪，发脾气，欢笑……"X 先生与之相关的典型行为表现在对 Z 先生的依赖性和不敢反抗，还有喜欢立即性的回报和对自己能力价值的低估，以及在情感上把对 Z 先生的愤怒转向自己，形成莫大的抑郁和纠结情绪。

事实上，在现实中我们与人交往的合适心态应该是：成人式自我心态。内在存有这种心态，个体会根据客观环境，有能力去区别哪些是父母灌输的观念，哪些是自己的观念。这种心态的形成初期是试探性的，进而个体会通过一系列"尝试错误"来慢慢摸索，去建立属于自己的认知态度。最终，表现出理性、尊重事实和非感性的行为，并试图通过寻找事实和处理数据，展开针对事实的讨论，来修正和更新决策。同样，对于 X

先生来说，他首先需要意识到自己目前的 "儿童式自我心态" 对自己日常交往的影响，同时，"成人式自我心态" 才是自己现在应该存于内心的。其次，他需要慢慢地摸索怎样由 "儿童式自我心态" 向 "成人式自我心态" 逐渐过渡，在这个过程中需要给自己时间，需要耐心，当内心再次纠结的时候，尽量不再人为地去制造大量情绪泡沫。

X 先生说，他相信自己会改变，也会给自己时间。

04　寻根究底的 X 先生

随着咨询的推进，X 先生很多时候已经不再和我谈目前他和 Z 先生之间的困扰以及他的情绪，而是把注意力转向了对自己内在的探索，思考和提出关于自己的各种各样的问题，有时候自问自答，有时候和我一起讨论。在我看来，这是一个人自我成长的内部机制开始启动，在这种情况下，一般来说，他会在自我提升和自我完善的路上走得很远。

其中我们讨论的一个问题是：为什么他会有儿童式自我心态，而不是成人式自我心态。我说，这是由儿童时的经历决定的；他说他感觉童年也没什么太特别的，他想跟我讲讲他的童年，让我听听看。由他的讲述，我知道他小时候跟父母的关系还不错，他的父亲乐观开朗，和父亲在一起能让他轻松愉快，所以他特别乐意跟父亲在一起。相对地，母亲偏内向，对他生活上和学习上都比较严格，这有时会让他感觉压力比较大，偶感母亲对他有点 "苛刻"，但是他也知道母亲这样做都是为他好，所以尽量遵从，一路学业表现都还不错，从这一点，他很感谢母亲的付出……

我说："你看，你真的是你父亲和母亲的好儿子啊！"

X 先生一时摸不着头脑，问："您怎么忽然这么说？"

"你看，正常状态下的你，呈现出外向主动积极很适合做销售的特点，这是不是来自于父亲？然而，即使感觉委曲求全，现在你大多数情况下也能遵从别人，这不是很像小时候你拥有的应对比较严格的母亲时的心态吗？"我解释说。

"哈哈，我好像懂您的意思了，从我现在的基本交往心态来看，是不是母亲对我的影响应该更大些？"

"不能说谁的影响更大些吧，只是她对你的影响的确深刻地存在着，如果母亲当时能对你柔和一些，或许今天的你更偏向'成人式自我心态'……从这个角度来说，你内心是否会有些怨母亲？"

"好像……也没有。"X 先生想了想说。

"嗯，我相信你母亲内心是非常爱你的，只是她爱你的方式就她而言也只能做到这样，我的意思是——她已经尽力了！而你，现在是成人了，不再是当年那个'母亲的小小孩'，你也会对很多事情有自己独立的认识、分析和判断了。"

"是的，我知道母亲是很爱我的，我也的确是成人了。"X 先生微笑起来。

后来，直到咨询结束，X 先生也没再追问我，他该怎么具体去面对和处理他与 Z 先生之间的事情。咨询师也没再提，因为咨询师相信，或许对 X 先生而言，他内心有了更深广的任务要去面对，而对这件困扰他许久的事情，他已经自感有足够的能力给自己一个清晰的交代，无须再询问别人。

🔒 咨先生与询小姐说

为了实现目标或者是追求梦想，很多时候我们需要与人合作，如果能一帆风顺固然好，然而大部分时候会遇到新情况新问题，其中很多会涉及钱和情，这些事情很可能会让我们愁肠百结却茫然于面对。这些时候，如果我们依然能让自己慢慢地静下心来去理清思路，尽量多地看到事实，由本心出发，冷静地面对，细致地分析，如果倾向于是自己的问题，自己先去做处理，如果更多的是别人的问题，则开诚布公地协商，往往会有令人满意的结果。否则，关于钱和情的情绪纠缠太久，很可能会让昔日的友情和现在的合伙关系在瞬间化为灰烬。

孝顺又能干的儿子：我是无奈的双面胶

晓芙

> 很多男人会认为婆媳之间的矛盾就是婆媳两个人的事情，因此，当矛盾发生时，很多时候他们会退缩，会偏向于采取置身事外的态度。然而，他们的这种想法可能大多数情况下不是事实，相应地，这种态度往往不会有助于家庭矛盾的缓解。

从古至今，婆媳关系一直是个棘手的问题，而她们怎么相处才会比较和谐，也是一个经久不衰的话题。很多时候，我们可以看到，婆媳之间的矛盾不像大多数夫妻矛盾那样明朗清晰，双方可以把话说在明处，处理起来也相对比较容易；婆媳之间的矛盾时常是隐晦的，也是深刻的、持久的。往往，在这种持续焦灼的关系中，有着儿子和丈夫双重身份的男人，确实是饱受煎熬。

01 我想做个顶天立地的男子汉

G 先生就是深受婆媳关系困扰的男人，第一次咨询中，他在做简单介绍的同时一直在大倒苦水。他四十出头，职场得意，年薪颇高；媳妇也很优秀，知书达理，夫妻感情也不错；父母虽年迈但身体还算硬朗；孩子成长得很好，身体健壮，学业优秀。在外人看来，这一家人真是令人羡慕的对象。

然而，只有 G 先生自己知道，一直以来，老妈和媳妇之间的事情搞得他很多时候下班后都不想回家。他说，主要矛盾是钱：母亲金钱观念比较重，作为儿子，自己每个月都给不少赡养费。母亲由于年轻时吃了太多苦，现在想弥补自己，因此经常外出旅游、买好的衣服等。而妻子勤俭节约，超过五百块的衣服几乎都舍不得买，一心勤俭持家，想为家庭多置办一些物件或者为孩子多储备些教育经费等，对于婆婆的要钱和花钱行为，颇有微词。

"我一直要求自己做得像个顶天立地的男子汉，所以，平常会尽己所能地孝顺妈妈，疼爱老婆。"可是，最近因为 G 先生刚买了一个理财产品，手头比较紧张，媳妇更加节衣缩食。有一天媳妇下班回到家，看到婆婆晚饭没做，连中午的碗都没洗，却正在和邻居老太太商量要花好几千元去旅游，想到自己辛苦持家，委屈和愤怒顿时袭上心头，跟婆婆爆发了一场争吵，弄得家里一片狼藉。G 先生本来每隔一段时间就会发作一次的严重偏头痛，这次之后发作更频繁了，痛得更厉害了。

"母亲花钱出去旅游好像也没错，老婆勤俭持家我也很感激，可让她们和睦相处怎么就这么难啊，还有，我这个身体好像也越来越不行了……以后日子长着呢，我这个双面胶该怎么办？"讲完这一切，G 先生深深地叹了一口气，满脸无奈和沮丧，整个人陷落在沙发里。

02 不完美或许才是常态，因此会有这样那样的问题

经了解，G 先生曾多次去医院治疗偏头痛，检查下来器质上没什么毛病，每次医生叮嘱他工作上不要压力过大，饮食上以清淡为主，并开一些治疗头痛的药物给他。在他生病的时候，家人都很关心他，过几天他也就好了，但再过一段时间又会复发。据此，我可以基本判断，他是心因性的头痛，并对他予以解释说明。这样做，一方面打消他对躯体疾病的怀疑，另一方面，确立以心理咨询为主导的方向，以期整个事件能尽快向好的方

向发展。

在进一步咨询中，我发现 G 先生在自身工作中，对各方面均要求较高，的确，他也发展得比较快。类似的，他对家庭生活美满和谐的期望也比较高，每次妈妈和媳妇稍有不合的时候，他就在内心里面对这种有违他期望的情景本能地感到反感，致使他情绪非常容易激动，这也是他偏头痛频发的原因之一。作为儿子，他心疼母亲年轻时受的苦，希望她能享受幸福的晚年；作为丈夫，他疼惜勤俭持家的妻子，希望她开心幸福。他一向都本着 "孝顺父母、疼爱媳妇" 的想法，工作上勤勤恳恳，希望能够带给他们更好的生活。相应的，他认为她们也应该能感受到并理解他的想法和需求，给他一个温暖的家。

"你希望工作像现在一样很顺利，对吗？" 我问。

"是的。"

"你希望孩子一直健康优秀，对吗？"

"肯定的。"

"你希望家庭和谐幸福，其乐融融，对吗？"

"是的。"

"你希望妈妈和媳妇都能明白你的期望，主动做到和睦相处，对吗？"

"当然！"

"就是说，你希望一切都如你期望的那样，对吗？"

"是的。"

"如果有些方面出现的结果不是你希望的那样，你会有什么感觉？"

"心里非常堵，压力很大……"

"也就是说，在内心，也许你认为这些事都应该向你所期望的那样去发展，对吗？"

"是的。"

我一口气问这么多看似比较 "多余" 的问题，只是想让 G 先生能够自己自然地意识到，在他的潜意识和行事风格中透露出要求 "完美" 的倾向，在某种程度上，这个倾向正在阻碍着他对现时家庭矛盾的干预和处理。心理学上，有一种说法是人格的"完美倾向"或者是"完美主义"（perfectionism），具有这种倾向的人往往对于自己和他人有很高的要求，看待事物和他人时更容易看到存在的问题。"完美主义"一般可以分为三种类型：（1）第一种类型的人对自我要求很高。这种类型人的口头禅是"我应该""我必须"等。（2）第二种类型的人对他人常常是个"批评者"，对别人的言行要求很高，挑剔。（3）第三种类型的人很在乎外界对自己的评价，以维持内心对自己完美形象的追求。

从前面的对话可以看出，G 先生偏向于第一类型，他会希望并且预设和自己有关的一切都应该是完美的，一旦事与愿违的时候，内心就会自动升起很强烈的情绪。

然而事实上，随着时间的推移，我们可能越来越会发现，让生活各方面完美没那么容易，或许不完美才是常态。如果我们在内心深处坚守着"完美"的准则，当我们遇到问题的时候，我们就会自动在情绪上产生对立，认为本来应该这样、应该那样，或者对方应该怎么样……有了这样的对立情绪之后，我们大部分时候就不会再心平气和地去接受某件事，也很难再客观地看待这件事，最终，不利于我们有效地去处理这件事。

03　她们相处不好不仅是她们的事，或许你竟是那个最重要的人

在咨询中，G 先生多次提到，当妈妈和媳妇之间出现矛盾时，他会瞬间觉得自己有巨大的无力感。这种感觉迫使他下班后不想回家，在家时则想"避开"或者"逃离"。针对这一点，我和他进行了探索性的谈话：

"妈妈早期自己很辛苦，却对你疼爱有加，无微不至地照顾你养大你，一想到这些，你内心很感激妈妈，是吧？"

"当然了。我是她的宝贝，读书的时候，偶尔同学到我家里玩，都能

感受到，他们都很羡慕我。"提到妈妈对自己的爱，G 先生有点骄傲，面带笑容地说："所以工作以后我总是尽最大努力去回报她，做个孝顺的儿子。"G 先生回答。

"你爱你媳妇吗？"

"肯定是啊，要不然怎么会结婚……她是一个善良、优秀、有魅力的女人。我很爱她，我能感到她也一样爱我。"

"所以说，这两个女人是因为对你的爱走到了一起……"

"是的，可惜她们现在却不能相互理解。"

"说到理解，一般，理解之前可能需要相互的了解，而了解的过程可能需要一些时间，你认为是你分别对她们两个人了解多，还是她们两人之间相互的了解更多？"

"我结婚后，她们两个人才朝夕相处的，应该是我分别了解她们更多。"

"也就是说，为了更好地相处，她们两个人还需要时间，对吧？"

"是的。"

"如果是这样，当他们出现不和谐的时候，最有资格去协调的，或许是你——这个最了解她们的人？"我问道。

G 先生没有回答，代之以几分钟的沉默，我希望，他是在重新考虑他在这个新的家庭关系中的地位和角色。

在家里，大部分男人喜欢享受安静、和谐、温馨的氛围，很怕唠叨和麻烦，争吵就更不用提了。当婆媳之间发生冲突时，他们不知道该怎么办，有时候会采取回避的态度：他们会继续盯着电视机若无其事地接着看球赛，或漠然地去阳台上抽支烟……种种行为围绕的一个中心思想就是"不想介入两个女人的战争"（这是以前一个来访者说的），以为选择"听不见，看不见"，事情就烟消云散了。

然而，她们之间的矛盾真能烟消云散吗？我们大部分时候看到的答案都是不但不散，而且持续不断，甚至有时候还会愈演愈烈。因为问题解决的关键可能在你——这个具有双重身份的男人，如果大部分男人能主动意识到这一点，就会极大地有助于问题的早日化解。

静心想一想，母亲和妻子之前完全是陌生人，她们有太多的不同，各自会有自己习惯性的想法和做事模式，因此对同一件事情，会有不同的看法和做法都正常。现在忽然要朝夕相对，磕磕碰碰也在所难免，而你，对他们的了解远大于她们彼此之间的了解，所以，你需要担起化解矛盾的责任，而不是逃跑。

再者，当一个男人成家之后，他在整个大家庭结构中的位置就会有相应的变化。在原来的家里，他是在父母的呵护下作为孩子而存在，而现在，他需要作为自己新家庭的重要支撑，正常情况下，他的妻子将会取代母亲成为他下半生最重要的陪伴。所以，当婆媳之间有矛盾时，可能有时候男人需要自我牺牲一下，一方面去替妻子承担"鸡毛"（责任），另一方面需要去替母亲承担"蒜皮"（责任），因为这两个女人是为了对你这同一个男人的爱走到一起的，你承担了那个"鸡毛蒜皮"（责任），也就避免了她们之间的矛盾和潜在的伤害。

04 想去做，也许就会有越来越多的办法

再次过来的时候，G 先生看起来轻松了许多，至少紧锁的眉头松开了。他笑着对我说，上次谈话之后，他想了很多，也查看了很多关于协调婆媳关系的资料，学习到很多关于在他的位置上怎样有效地缓和、协调婆媳关系的方法，"能早点像现在这样，平心静气地去做就好了。"他长舒一口气，感慨地说。他还说，由于没那么烦，晚上睡眠质量好很多，偏头痛也没那么厉害了。我非常高兴他能有这样的变化，邀请他具体讲讲有哪些好的方法，并打趣说"我以后可以把这些方法告诉给需要的人"。G 先生听后哈哈大笑说"你的方法总比我多吧"，他今天来就是想进一步了解学习一下咨询师有哪些特别有效的方法的。我很坦诚地跟他说，"我有的

可能只是一般性可遵循的原则，你是最懂她们的人，你知道什么方式对他们最合适有效吧"。他点点头说，"也许是吧，我会边实践边摸索"。当然，一些常见的方法还是可以借鉴的，比如：

- 单独和母亲或媳妇在一起的时候，要多说对方的好话，多说对方的不易，多夸奖对方。
- 母亲和媳妇之间有矛盾的时候，要巧妙地把矛盾引到自己的身上，避免她们指责吵架的机会。
- 买礼物的时候，要兼顾到母亲和媳妇两个人的感受，不要让一方明显感觉到厚此薄彼。

这个世界上没有万能的方法，但在实践中求索的态度往往带给我们意想不到的惊喜。我真诚地祝愿，G 先生能顺利地解决婆媳之间的"钱情问题"，越来越多地感受到来自于家庭的温馨和快乐。

咨先生与询小姐说

许多时候，表面看似乎是"钱"和"情"的问题，但是当咨询师以专业的角度和敏感性，用适合来访者个人特质的方法，耐心地引导和协助来访者拨开迷雾、看向问题的深处时，看到的却是每个人内心各种情绪的积压或对立。当情绪得到有效的缓解和释放，有了冷静的头脑和平和的心情，已经为问题的解决建立了很好的基础，剩下的问题，很多时候也能一步步看清楚。

曾经的留守儿童：不会再让我的孩子被撇下

陈英丽

> 童年时期缺失的爱和关怀，
>
> 曾经让我对父母积怨颇深。
>
> 但那些恰恰成了无意识的动力，
>
> 造就了今天的我：我会成为更好的母亲，而且正在做得更好。
>
> 做了母亲后的我，也终于明白了，
>
> 每一个做父母的人，多少都存在一定的局限性，
>
> 无论父母多么努力，都不大可能满足孩子所有的期待。
>
> 缺失和拥有，其实是硬币的两个方面，
>
> 它们是对立面却总是同时存在着。

近年来，留守儿童问题是一个备受社会各界人士关注的话题。之所以被广泛关注，主要是因为留守儿童远离父母，容易在安全、教育、性格、心理和情感方面出现问题，影响健康成长。而且，这些问题的负面影响，并不一定会随着年龄的增长而自动消失，他们成年后的思维和行为模式也会或多或少地带有童年生活的烙印。

粗略算来，从二十世纪九十年代初开始，我国多个省市就逐渐出现较大规模的留守儿童了。如今，最早一批的留守儿童已经成年，他们的生活是什么样子呢？

01　我就是不想让我妈心里好过，别以为给我钱就有用

瑶瑶是一家大型金融单位的工作人员，二十七岁的她有一个疼爱她的老公和一个可爱的刚满两周岁的孩子，还有一套地段和户型都不错的大房子。在别人看来，她工作安稳、家庭美满、经济无忧，应该是很幸福的。可是只有她自己知道，内心深处总有一个地方感到别扭，让她一想起来就立刻皱起眉头、脸上阴云密布。

每一次接到母亲打来的长途电话，她都不由自主地产生愤怒和抵触的情绪，几乎不能好好地跟母亲说一会儿话。即便母亲小心翼翼地对她嘘寒问暖，她也总能挑出刺儿来怼母亲一番。对于父亲，她就更不亲近了，如果他不主动跟她说话，她几乎不会问候父亲一声。

最近一次通电话时，母亲说往她的卡上又转了两万元，用来给外孙做早教班的费用。对此，瑶瑶只是 "嗯" 了一声。母亲责怪她连句谢谢都不说，瑶瑶就立马火了："给钱很了不起吗？你可以不给啊！"

事后，瑶瑶也感到有些愧疚。很多时候她其实也想对父母态度好一些，可是一想到自己从小到大父母除了给钱，几乎没有给过她任何陪伴，让她的童年颇为孤单和无助，愤恨之情就陡然而生。她觉得自己就是个被遗弃的孩子，钱是父母用来赎罪的，是用来弥补对孩子亏欠的手段而已。

"我小的时候他们不管我，我长大了他们却想得到我的心。我妈越想弥补，我就越不想让她好过，别以为给我钱就有用！" 说这话的时候，她那清秀的脸庞被委屈的泪水和愤怒的表情所覆盖。

由于自身经历的原因，她暗下决心：不会再让自己的孩子做留守儿童，一定会好好把他留在身边，给他满满的爱，让他的童年幸福快乐。

她咨询的问题是：我该如何处理跟父母的关系。

02　人格中的次要特质：潜意识的动力

人格心理学的先驱奥尔波特（Gordon W. Allport）将人的特质分为首要特质（cardinal trait）、中心特质（central trait）和次要特质（secondary trait）。首要特质是一个人最典型、最具概括性的特质，如林黛玉的多愁善感。中心特质是构成个体独特性的几个重要特质，在每个人身上大约有5至10个中心特质，如林黛玉的清高、聪明、孤僻、抑郁、敏感等，都属于中心特质。而次要特质，不是决定人格的主要特质，往往只有在特殊情境下才表现出来，它包括一个人独特的偏爱（如对某些食物、衣着的偏爱）、一些片面的看法和由情境引起的偏激言行等。如林黛玉自己身世可怜、体弱多病，看到飘落的花瓣等在别人看来也许是"美好"的自然现象时也会悲痛伤怀，发出"尔今死去侬收葬，未卜侬身何日丧"这种偏激的言辞。

回到瑶瑶的故事中，在大家的眼里，瑶瑶是一个聪慧能干的人，这是她的首要特质；能够兼顾事业和家庭，责任心强、口齿伶俐、人际关系良好、是个好妈妈等，这是她的中心特质。首要特质和中心特质，这些作为旁观者就能轻易观察到。相比之下，她因为童年时期的留守儿童经历而对父母心怀怨恨，在心理上刻意疏远父母，则是她人格中的次要特质。旁人基本没有机会接触到她心理上的这个层面，因为只有当她跟父母相处时这个特质才会显现出来。

次要特质虽然不像首要特质和中心特质那样决定一个人的整体形象，但却对人的心理舒适度有重要影响。瑶瑶对父母的怨恨使得她无法自然而然地享受亲情带来的愉悦，明明父母很关心她，她却不由自主地报之以冷漠或攻击。这种僵硬的相处模式，虽然一定程度上满足了她发泄心中委屈和不满的需要，同时也给她带来了困惑和不安，以及发泄之后的愧疚感。

那么人格中的次要特质有没有积极意义呢？事实上，看似童年时期瑶瑶感受的爱和关注是不足的，但那恰恰造就了今天的她：努力经营一个幸福的家庭,努力成为一个比自己母亲更好的妈妈。

虽然瑶瑶身上的这一次要特质让她感到不舒服,但是这一强烈的情感冲突反而在另一方面成了潜意识的动力,促进了她的主要人格和中心人格的发展,使她的生活状态不断改善,并朝着更高的自我认同目标去发展。

03 人格整合:平衡本我和超我的关系

人格结构理论认为,人格由本我、自我、超我三部分构成。成年人的内心挣扎往往根源于人格各个部分之间的冲突,而人格的整合则让人格不同部分之间的和平相处成为可能。简单地说,人格整合就是看见和承认每一部分的存在及其存在的合理性,接纳它们的存在,适当地满足各个部分的内在需求,从而找到内心的使命和动力,培养新的思维和行为模式。

首先,我们需要重新认识瑶瑶对父母的愤恨之情。

对于留守儿童而言,因为父母长期不在身边,遇到难题找不到合适的倾诉对象也得不到及时的支持和帮助,久而久之,难免产生失落和怨恨心理,这种心理的产生具有普遍性和合理性,是由于"本我"得不到满足造成的。

本我作为人格的一部分,遵循快乐的原则,鼓励人们追求舒适和温暖,当得不到满足的时候就会自然而然地产生失望、悲伤、愤怒的情绪和冲动行为。

因此,与其他在父母身边长大的孩子相比,瑶瑶在童年时期的确缺失了太多的关爱和呵护,她内心的孤独和无助应该被"看见"、被"理解",她的愤怒和委屈情绪应该被接纳和包容。

其次,为什么瑶瑶对父母说了狠话之后又会产生愧疚感呢?这是她的"超我"在起作用。

超我是个体在成长过程中从家庭、学校和社会学习到的社会规范、伦理道德、自我理想等。超我遵循"道德"和"完善"的原则，监督个体抑制本我的冲动和攻击性，引导个体向善、追求成熟和卓越。

瑶瑶的超我希望她对父母友善，做一个体贴父母的人。同时，超我也质疑她对父母的态度，希望她能够找到一个成熟的应对方法，可以妥善地处理自己与父母之间的关系。因此，尽管在电话中或者见面时对父母没有好态度，瑶瑶在内心里实际上是渴望跟父母好好相处的。这是她经常有愧疚感的原因，也是她走进心理咨询室的动力。

第三，平衡"本我"和"超我"，需要让"自我"强大起来。

"自我"作为人格的中间层，是在现实生活中由本我和超我共同作用的结果。自我遵循的是现实原则，功能是调节本我与超我之间的矛盾。本我产生的各种需求，因为受到超我的限制，不能在现实中立即满足，需要在现实中学习如何满足需求，个体最终表现出来的现实状态就是自我。无论是本我过于强大或者超我过于强大，都会让自我无法平衡，从而在现实中感到纠结和痛苦。因此，需要有意识地让自我强大起来，才能有效发挥平衡本我和超我的功能。

04　寻找自己的内在使命，培养新的思维和行为模式

成年后的瑶瑶，她内心深处对自己的最大期望是什么呢？或者说怎么样的生活状态对她来说才是理想的呢？显然，能不能处理好跟父母的关系，对于她实现自我认同来说非常重要，要不然她也不会一提到自己与父母的关系就不开心。

瑶瑶强烈地想跟母亲作对比，她决心要做一位"更好的母亲"，这是她自我认同的重要标准，也是她的内在使命。

那么，"更好的母亲"都包含哪些具体的特质呢？

瑶瑶认为，更好的母亲至少是尽量把孩子带在身边的，更加关注孩子的心灵成长，而不单单是给予金钱和物质的满足。为此，她一直在努力，

通过阅读书籍和参加培训班学习各种科学育儿的知识并亲身实践。当我问她对自己所担当的母亲角色打多少分时，她承认自己没有做到理想的一百分，她给自己打八十分。去掉的二十分包括不够耐心、不够宽容、过多干涉孩子的行为等。

其实，每一个做父母的人，多少都存在一定的局限性，有些是性格品质方面的，有些是经济方面的，有些是知识阅历方面的，有些是价值观方面的，还有些是身体健康方面的。对孩子而言，无论父母多么努力，都不大可能满足孩子所有的期待。

当瑶瑶意识到，即使做"更好的母亲"，也是难免存在局限性时，她也理解了父母当年在价值观和知识阅历方面的局限性。

在瑶瑶的童年时代，物质相对还比较匮乏，那个时代的父母往往把满足孩子的物质需要当成第一重要的事，他们意识不到陪伴对孩子成长的重要性。在当年的他们看来，外出赚钱是最好的选择，想不到这竟然给孩子造成了多年的心结。

能够理解上一代的局限性，给予宽容和理解，不也是"更好的母亲"可以具备并且可以传递给下一代的特质之一吗？

05　选择性积极关注：金钱带来的爱同样贴心

在瑶瑶的故事中，她的父母给予她的物质和金钱数量是相当可观的。在大多数同龄人还在为一处小户型住宅而辛苦地积攒首付或吃力地偿还按揭贷款时，二十多岁的她已经拥有了同龄人遥不可及的大房子和经济无忧的舒适生活。

按照马斯洛的需求层次理论，大多数同龄人还处在为创造生存条件而努力的阶段，而瑶瑶则直接跨越了这个阶段，上升到寻求归属与爱的阶段。父母多年的辛勤工作成果让她省去了数不清的辛苦与窘迫，可是瑶瑶对这些并不领情。

　　有过辛苦谋生经历的人会觉得瑶瑶太不知足了。为什么瑶瑶自己没有意识到这一点呢？

　　认知心理学告诉我们，认知是情感和行为的中介，引起人们情感和行为问题的往往不是事件本身，而是人们对事件的不同解释。良好的认知给人产生奋发向上的情感体验和行为，而认知曲解能引起明显的负面情绪和行为。

　　现实生活中认知曲解的种类有很多，在瑶瑶的故事中，她的认知模式中存在明显的"选择性消极关注"，即只注意事物中负面的细节而忽视了事物的整体。

　　父母没能在她童年时给予足够的陪伴和关爱，这使她的心灵受到了创伤。然而这并不是事情的全部，瑶瑶从小到大都享受着比较优越的物质条件，避免了多少为生存而遭遇的无奈和辛酸，这些她显然没有计算过。

　　对瑶瑶来说，与选择性消极关注相对应的，是选择性积极关注，即父母通过金钱带来的爱同样贴心。

　　缺失和拥有，其实是硬币的两个方面，它们是对立面却总是同时存在。

　　认识到了自己在认知模式上存在的偏差，瑶瑶有些激动。她感慨地说，原来自己与同龄人相比，很多方面还是幸运的。她想在下次跟父母通电话时，对他们说声"谢谢"——这是她走进咨询室前从来没有过的想法。

咨先生与询小姐说

　　咨询师可以运用人格心理学和认知心理学的一些理念和方法帮助来访者全面认识自己的人格特征，重新识别自己的内在需求，并通过对认知的调整和重建，找到打开心结的"温暖的力量"。

　　很多时候，当我们站在自己的立场上看待别人的问题时，会觉得不可思议，世界上怎么会存在这样的人或者问题呢？比如本文中的瑶瑶，她明明有爱她的父母，明明可以知足常乐，为什么却一直生活在被忽视和遗弃的心态中不能释怀呢? 不是自己遇到的问题, 我们很难感同身受。每个人都无法用自己的阅历来完全理解和说服跟我们有着不同人生经历的人。除非站在客观中立的立场, 不带评判地感受他们的感受, 看到他们不可思议的情绪和行为的背后, 所蕴含的未被满足的需求和渴望改善的美好愿望。

第 5 章

失落的梦想、奢侈的友情 VS. 无处不在的成长

不经历眼前的苟且，哪能走得到远方呢

关于梦想，走好当下的每一步都算数

关于友谊，彼此能做真实的自己最好

关于成长，就是你得有机会回头望

推动我们进步的，除了梦想还有迷茫

陈英丽

> 因为梦想我们欢快前行，
>
> 因为现实我们一度迷茫，
>
> 当迷茫一次次被破解，
>
> 我们发现：
>
> 迷茫其实锻炼了我们的翅膀。
>
> 让我们在追逐梦想的道路上，
>
> 完善自己，羽翼渐丰，
>
> 从而飞得更高更远！

梦想之于年轻人是一个"高频词"，年轻人的梦想往往单纯而热烈，相信只要自己努力拼搏就能到达梦想的彼岸。然而当年轻的梦想遭遇现实，就像欢快奔腾的小溪遇上拦路的巨石，溅起四处飞散的水花，引起惊慌失措的迷茫。身处困境中迂回不前，难免怀疑自己、怀疑梦想。然而经历过的人就会知道，穿越迷茫，才能最终接近梦想。

01　小 G 的故事：遭遇"冷血"上司，追梦青年陷入迷茫

"90后"小 G 是某名牌大学中文系毕业生，三个月前通过校园招聘顺利进入某知名传媒机构，担任大客户文案策划一职。从小热爱写作、文笔出色的小 G 希望能在工作岗位上发挥自己的特长，成为一字千金的金牌

文案，有朝一日出版自己的商业文案作品集，这是他的梦想。一般来说，刚毕业的员工都被安排做一些简单的跑腿打杂业务，唯独小 G 一入职就做文案，而且是大客户的文案，可见老板对他的重视。小 G 的直属上司 Lisa 是一名资深媒体人，有丰富的文案创作和活动策划经验，但是性格高冷，追求完美。虽然小 G 对工作充满了热情，但是 Lisa 似乎对他不是很友好，总是再三挑剔他的稿件质量。有一次，客户面向市场推出新产品，强调这次文案非常重要。由于时间紧急，Lisa 让小 G 晚上加班写，第二天早上交给她。小 G 一直写到凌晨三点钟，总算写出了让自己比较满意的稿子。没想到第二天，Lisa 只是随便看了一眼就说，文风太老土了；小 G 赶紧根据她的吩咐去修改，再次交稿的时候仍然被 Lisa 找出一堆问题。就这样他反复修改了好几次，最后一次交稿的时候，Lisa 没有说话，小 G 想这次应该可以了。没想到等客户来公司看样稿的时候，小 G 发现 Lisa 呈给客户的根本不是他写的文案，而是 Lisa 自己写的！震惊、愤怒和委屈刹那间涌上心头，他站在那里愣了好几秒钟。他想，如果 Lisa 看不上他的稿子，何必让他修改那么多次呢？如果要换稿子，为什么不提前通知他呢？他感觉"被耍"了。Lisa 注意到了他的情绪，怕他在客户面前发作，就借故把他支开了。

这件事让小 G 深受打击。从小到大，他的成长都很顺利，从来没有被这样"欺辱"过。事后他跟 Lisa 争论此事，Lisa 说她作为主管，有权力要求下属改善工作质量，也有权力选择符合要求的稿子，希望他自己提高写作水平，揣摩如何满足客户要求。而且她认为时间紧迫，不一定每一次都把自己的决定提前通知下属。小 G 觉得她是故意打压自己，情绪激动之下说了一些气话。

此后，可想而知，小 G 觉得跟 Lisa 越来越难相处。他觉得 Lisa 处处针对他，甚至同事们也开始用异样的眼光看他。他觉得自己严重没有存在感。渐渐地，他对待工作不再像一开始那么积极了，也不愿意参加同事们组织的聚会活动，下了班就一个人回到宿舍宅着。最近一个多月早上醒来，第一时间想到的就是 Lisa 那张拉长的脸和冰冷的话语，心情瞬间如坠冰窟。他开始害怕去上班，在上班的路上也都在担心今天又会发生什么事会让自己难堪。他原本白净的脸上如今长了很多痘痘，大部分集中在脑门上，此消彼长，一摸就疼，一疼他就烦躁想骂人。

刚参加工作的时候，小 G 被安排在大客户文案的岗位上，一度让他觉得离梦想很近。可是工作三个月后，因为人际关系不融洽，小 G 感到自己有点熬不下去了。他很想辞职逃离这个环境，但是又舍不得放弃这份来之不易的工作机会。到底是离职好呢，还是继续留在这里呢？留在这里的话又该如何跟上司和同事们相处呢？他感到非常迷茫。

02 社会化适应障碍：初入职场的第一道难关

小 G 遇到的问题是新入职大学生常见的社会化适应障碍，主要表现为"工作胜任障碍""人际融入障碍"和"角色定位障碍"三方面。其中，人际融入障碍给他们带来的负性情感体验尤为深刻。

新入职大学生的社会化适应障碍主要有三个方面的原因：

一方面是"80 后""90 后"大学生的自我选择和独立自主意识很强，具有某种程度的"叛逆"精神，一旦他们的自我展示空间受限或者得不到充分重视，就会比以往年代的员工表现出更为强烈的受挫感。这一点与他们的成长环境有关，多数人从小就是家庭关注的焦点，对自主空间的要求十分强烈。

另一方面，他们对于理论和现实的差距缺乏充分的心理准备。虽然掌握了一定的专业技能和理论知识，但是缺乏实践经验，要做出符合工作岗位需要的业绩还需要一定的磨合期，不可能一蹴而就。同时由于学习期间的人生阅历比较简单，很多人缺乏灵活应变的人际关系意识和技巧，要么过于内敛怯懦，影响工作效率；要么过于张扬逞强，有意无意中带有一定的"攻击性",容易引起其他同事的防御心理。

第三,在国内目前的大部分企事业单位中,对于新入职员工的融合问题,虽然理念上已经开始重视起来,但在实践中提供的培训、干预和支持还不够充分。

社会化适应障碍往往产生不同程度的强迫、焦虑、抑郁、恐惧(来源于上班或上司)、睡眠不佳等身心不适症状,小 G 也难以幸免。他对工作和生活的兴趣逐渐被抑制,脸上长出大量的痘痘令他疼痛和烦躁,睡眠质量下降,早醒并且醒来感觉压抑和痛苦,害怕上班和面对上司,逃避人际交往。对于未来,感到非常迷茫,甚至怀疑自己的能力,怀疑梦想是否能够实现。

中国心理卫生协会第五届学术会上曾发表一份关于新入职大学生的调研报告,该报告指出,51.4% 的新入职大学生存在强迫症状、抑郁症状、恐怖症状、焦虑症状中的一种或者几种。这些症状不但阻碍他们发挥潜能、创造业绩、实现职业梦想,而且对身心健康也会造成较大影响,需要得到及时的重视和解决。

03　人际关系智力:智力的重要组成部分

美国教育家、心理学家霍华德·加德纳(Howard Gardner)提出的"多元智力理论"(Multiple Intelligences)认为,智力不是单一的,它包括语言智力、逻辑数学智力、音乐智力、空间智力、身体运动智力、人际关系智力、内省智力和自然智力。每个人都在不同程度上拥有上述八种基本智力,智力之间的不同组合表现出个体间的智力差异。

根据加德纳的多元智力理论,人的智力领域是多方面的,人们在解决实际问题时所需要的智力也是多方面的,现实生活需要每个人都充分利用多种智力来解决各种实际问题。一方面要发展自己的优势智力,另一方面也要弥补自己的劣势智力。

在加德纳看来，教育的起点不在于一个人有多么聪明，而在于怎样变得聪明，在哪些方面变得聪明。

以小 G 为代表的初入职场的大学生，可能具备了其他多方面的智力，但人际关系智力往往是他们的短板，在很大程度上阻碍他们的成长和进步。

04　搭建迷茫和梦想之间的桥梁：提升人际关系智力

人际关系智力短板是小 G 陷入迷茫、怀疑梦想的重要内因，也是走出迷茫、继续追逐梦想的突破口。那么，该如何提升人际关系智力呢？我在详细了解小 G 工作情况的基础上，跟他一起探讨了以下三个方面。

首先，"空杯心态"是职场新人适应新环境、融入新环境的前提。

所谓"空杯心态"是指做事之前要有好的心态。如果想学到更多知识，先要把自己想象成"一个空着的杯子"，而不是骄傲自满。古时候一个佛学造诣很深的人，听说某个寺庙里有位德高望重的老禅师，便去拜访。老禅师的徒弟接待他时，他态度傲慢，心想："我是佛学造诣很深的人，你算老几？"后来老禅师十分恭敬地接待了他，并为他沏茶。可在倒水时，明明杯子已经满了，老禅师还不停地倒。他不解地问："大师，为什么杯子已经满了，还要往里倒？"大师说："是啊，既然已满了，干吗还倒呢？"禅师的意思是，既然你已经很有学问了，干吗还要到我这里求教？

这就是"空杯心态"的起源。"空杯心态"并不是一味地否定过去，而是要怀着放空过去的一种态度，去融入新的环境，对待新的工作、新的事物。

对于刚踏入社会的小 G 而言，他的确具备了作为文案创作人员所需要的文字功底，这是他的资本。但是要写出一篇合乎客户要求的文案，除了文字功底之外，还需要对客户需求和市场审美有比较到位的理解。作为刚上岗的新人，写出的前几篇稿子不被上司认可，进行多次修改，甚至最终被弃用，也在情理之中。要给自己一定的时间去适应新的要求，而不是奢望一蹴而就。对一些负面的话语要保持一颗平常心，并借机调整写作方法和方向，逐步向符合要求的方向靠近。这样才能最终有机会发挥自己的岗位价值，并赢得上司和同事的认可。

假如经常认为自己的工作已经做得很好，自以为是，或者急于证明自己，一遇到批评就产生挫折感和不满情绪，那就如一个装满水的杯子一样，很难再接纳新的东西，更别提适应岗位需求和融入新环境了。

第二，化被动为主动，照顾好别人的"多巴胺"。

对于习惯了父母呵护和象牙塔式学习环境的小 G 来说，在之前的生活中几乎不需要主动地思考人际关系这个问题。但是职场是一个全新的环境，没有人是"应该"对你好的，只能靠自己的诚意去争取。被动地期待别人的关心和宽容，是不切实际的想法。

我们可以通过多种渠道了解到如何改善人际关系的方法，其中认真倾听、主动关心、主动帮助、适当赞美、及时表达谢意等方式都是比较重要也被普遍认可的。

从心理学的角度来看，无论是认真倾听、主动关心、主动帮助或是赞美和感谢他人，都能给他人带来愉快的心理体验，并可能使他们在生理上产生一种能够传递开心和兴奋信息的神经传导物质——多巴胺，从而对你产生好印象。

多巴胺是一种可以理解为"感觉良好"的化学物质，当人们满足了自己的需要时，比如受到了夸奖和赞美，取得了较大的成就等，脑垂体通常会产生这种物质。当某件事能给我们带来快乐时，就会激励和促使我们下次还想再经历，从而形成一项多巴胺回路。当你的温暖行为促使别人产生了牢固的多巴胺回路，别人就会不由自主地喜欢跟你相处和合作了。

那么，职场新人应该如何照顾别人的多巴胺呢？

一方面，在做好自己分内事的同时，留一部分时间观察上司和其他同事是否有需要帮忙的地方，哪怕是在他们忙不过来的时候代取快递、代订午餐这样的小事，只要力所能及并能够对别人有帮助，都可以主动去承担。通过一些小事，让别人体会到你的细心和关心，打下良好的感情基础和信任基础，慢慢地他们就会愿意跟你一起做一些大事。俗话说的"能大能小是条龙"，意思就是说真正的人才既能担当大事，也能俯身做一些细枝末节的小事，只要那些事情是有意义的。

另一方面，尊重也是有助于赢得良好人际关系的前提之一。尊重的最基本表现就是倾听——用心地听。上司或者职场前辈在观点和技能方面总有他们的优势所在，虚心地请教、认真地倾听，不但能有助于完善自己的想法，还能给别人留下谦虚好学的好印象。

第三，在尊重的基础上，适当地赞美也是可以借鉴的。上司或前辈的优秀工作成果，往往是他们多年实践和智慧的结晶，年轻人表示推崇和赞叹也不为过；同时，如果自己也从中受益了，那么无论早晚，只要你发现自己受益了，就可以表示感谢。网络引擎"知乎"上有一条问答广为流传，问题是"哪些技能，经较短时间的学习，就可以给人的生活带来巨大帮助"，答案是"夸奖他人"。

很多职场新人误认为上司或前辈是"强大的"，不需要关心的，只有新人才需要关心，其实不然。每个人都有需要别人帮忙和关心的时候，每个人都喜欢别人尊重自己，每个人都能悦纳一定程度的赞美。

还有人认为，自己是职场一股"清流"，不愿意去做一些"阿谀奉承"的事情。其实，营造良好的人际关系并不是教大家把"拉关系"放在第一位，也不是认为凭实力工作不重要，而是因为几乎所有的工作，都跟沟通有关，沟通不好，再强的工作能力也会遭到抑制。营造良好的人际关系恰恰是发挥工作潜能、做好工作的助推器。

第四，调整期待值，建立更适宜的"自我认同"。

百度百科对自我认同的解释是：能够理智地看待并且接受自己以及外界，能够精力充沛，热爱生活，不会沉浸在悲叹、抱怨或悔恨之中，而且奋发向上，积极而独立，有明确的人生目标，并且在追求和逐渐接近目标的过程中会体验到自我价值以及社会的承认与赞许。既从这种认同感中巩固自信与自尊，同时又不会一味地屈从于社会与他人的舆论，自己对自己所思所做的有一种认可感。自我认同包含自我了解和自我实现两部分。

对于小 G 来说，如何看待自己人际关系智力短板这个事情呢？这是阻碍他顺利融入工作环境的重要原因，也给他带来了强烈的挫败感和心理困扰。但是如果我们把他的遭遇放在整个初入职场的大学生群体中去看的话，就能理解这是一个普遍存在的问题，而非他一个人的问题；放在整个人生历程来看的话，又能理解为是一种短期的、暂时的困境。因此没有必要为此自我否定和自我怀疑，关键是知道要做什么样的自己。更适宜的"自我认同"需要包含以下几个方面的内容：

- 承认自己的短板并愿意提升自己的人际关系智力。
- 对职场人际关系持平常心，顺其自然，不可让关系超越工作本身，本末倒置。
- 虽然存在不足之处，仍然能够看到和相信自己的能力以及具有积极进取的精神。
- 不会让眼前的困境永远牵绊自己，朝着梦想的方向继续前行。
- 勇于追逐梦想，也甘于忍耐成功之前的平凡和苦难。

05 穿越迷茫，才能最终接近梦想

初入职场，无法顺利融入工作环境，类似的社会化适应性障碍事例在我们身边几乎每天都在发生。这一方面会带来情绪上的起伏和情感上的压抑，重则还会影响身心健康；但另一方面也是成长的契机。小 G 虽然一开始承受了巨大的压力和苦闷，但是经过一段时间的心理咨询和自我调整，逐渐意识到问题的实质以及自己的短板，也找到了自我完善的方向和动力，对于今后的工作重新有了信心和希望。更重要的是，他明白了在实现梦想的过程中，一定会出现一个又一个的难题，而持续地自我成长，才是克服困难的有力武器。

也许有人会说，小 G 的上司太苛刻了，如果换一个其他的上司，小 G 的处境可能会好很多。但是，生活中没有那么多"如果"给我们选择。过来人都知道，所谓上司，没有不奇葩，只有更奇葩（这当然是站在下属的立场来讲的。无辜躺枪的上司，他们是世间的珍宝。其实，咨询师的来访者中也有关心下属的上司，他们也会因为所谓奇葩的下属而烦恼。当立场不同，理解错位的时候，"奇葩"一词代表了大多数人的心声）。与其总是惦记"别人家的上司"而自怨自怜，不如锤炼自己适应环境的耐力和创造环境的魄力。

任何生活中的事件都有多元的意义和价值，一件事情从一个角度看可能是消极的，从其他角度看可能又是积极的。

每一个事件都是来自生命的丰厚礼物，当它让我们感到迷茫的时候，要学会看到它的多元意义和价值，才能找到生命的力量。等你走出迷茫的时候，回头再看，所有的困惑和痛苦都成了成长的垫脚石，成了人生阅历的一部分。

所以，从这个角度来看，推动我们进步的，除了梦想还有迷茫。

咨先生与询小姐说

社会适应性障碍是一种短期的、轻度的烦恼状态及情绪失调，是一种常见的发生在初入社会的年轻人身上的问题。它能影响到社会功能，也可能伴随一定的躯体症状，但大部分达不到精神类疾病的诊断标准（如焦虑症或抑郁症）。如果来访者的理解力良好，有强烈的改善愿望，并且能够进行正常的工作和生活，可以通过矫正患者的思想信念和认知，从而达到疗愈和成长的目的。当然，对于情绪和躯体症状比较严重的来访者，如果已经严重影响到正常工作和生活，心理咨询师会建议其到相关医院做进一步检查，结合药物治疗，必要时住院治疗。千万不可讳疾忌医，年纪轻轻就陷入消极情绪中无法自拔，那将是非常遗憾的事情。

那些失落的梦想，其实并没有被遗忘

薛洋洋

> 所有梦想都开花，
>
> 这是每个人的美好心愿。
>
> 现实是怎样的呢?
>
> 于很多人而言，
>
> 纠缠于眼前的苟且，
>
> 已然忘记了梦想，
>
> 看不到诗和远方。
>
> 没有梦想的翅膀，
>
> 谁带我们，
>
> 飞过绝望，
>
> 飞向远方，
>
> 看到希望?

"梦想还是要有的，万一实现了呢，"马云演讲时如是说，"如果你不采取行动，不给自己梦想一个实践的机会，你永远没有机会。"

但对于很多普通人来说，他们的梦想被社会绑架了。学生生涯时，他们的梦想就是考个好大学，学个让父母满意或热门的专业;步入职场时，还没来得及细想自己喜欢的工作，就被卷入养家糊口的洪流中不能自拔;突然有一天，他们迷茫了，开始觉得哪里不对劲了，好像这不是他们喜欢的工作，工作没有激情和快乐可言，他们开始思考自己的梦想是什么。

回首过往的岁月，他们努力追忆自己的梦想，忍不住问"我有梦想吗""我的梦想是什么""我坚持梦想了吗""我的梦想什么时候丢了""我的梦想什么时候被深藏了""为什么我把梦想藏起来或者丢弃了呢"。

很多时候，我们以为自己没有梦想，但其实不然，由于种种原因，梦想被我们深藏内心的某个角落，以致我们有时候都忘了它的存在。

01 失落了梦想就像一无所有

咨询者阿兵（化名）步履沉重地来到咨询室，自述和女朋友分手了，工作也丢了，除了工作几年积累的点滴财富之外，几乎一无所有，失去了一切。

经过深入了解，阿兵当年考大学时选择的是比较热门的、社会公认好找工作的法学类专业，毕业时为了女友放弃专业，做了女友家族企业的一分子，如今和女友分手了，自然也在女友家族企业待不下去了，情场职场皆失意，试问还有什么比这更大的打击吗？于是乎，阿兵觉得一夜间失去了所有，感到人生非常的绝望。曾经的梦想也早已失落在一个个看似不得已的选择中，如今都找不到一个可以支撑自己前行的方向。

02 真的一无所有了吗

阿兵自述自己一无所有，失去了一切，内心特别难过，情绪很低落，甚至对人生绝望。难道阿兵真的一无所有了吗？答案显然是否定的。阿兵父母健在，自身健康状况良好，有本科学历，有工作经验，有朋友，等等。

合理情绪疗法（Rational-Emotive Therapy，简称 RET）是美国著名心理学家埃利斯（A. Ellis）提出的，也称"理性情绪疗法"，是帮助求助者解决因不合理信念产生的情绪困扰的一种心理治疗方法，属于认知行为疗法。绝对化的要求、过分概括化以及觉得糟糕至极是非合理信念的三个主要特征。

　　阿兵所说的一无所有，失去了一切，符合过分概括化的特征。过分概括化是一种以偏概全的不合理的思维方式，就好像以一本书的封面来判断其内容好坏一样。它是个体对自己或别人不合理的评价，其典型特征是以某一件或某几件事来评价自身或他人的整体价值。阿兵因为失恋加失业，就认为自己一无所有，失去了一切，这种过分概括化的自我否定使阿兵自卑、自弃，产生焦虑和抑郁等情绪。通过咨询，阿兵意识到自己只是失去了女朋友和工作，专业、理想、健康、亲人、朋友等还都在。

03　重塑价值评价体系，回归初心

　　鉴于阿兵能叙述自己的问题，自知力完好，有求助的愿望，我对其采用的是求助者中心疗法。该疗法由卡尔·兰桑·罗杰斯（Carl Ranson Rogers）于 1951 年提出并在《Client-centered Therapy》一书中详细论述。这里首先要了解三个核心概念：经验、自我概念和价值的条件化。在美国著名心理学家卡·罗杰斯的人格自我理论中，经验是指人的主观世界，强调一个人的主观内部世界是如何观察、如何感受外部世界的。自我概念主要是指求助者如何看待自己，是对自己总体的知觉和认识，是自我知觉和自我评价的统一体。每个人都存在两种价值评价过程：一种是人先天具有的有机体的评价过程；另一种是价值的条件化过程。价值条件化是指建立在他人评价的基础上，将他人的观念内化为自我概念的一部分。关于求助者中心疗法，罗杰斯认为每个人都存在自我实现的倾向，在实现自我的过程中，自我概念和经验之间的不协调会引起心理失调，而价值的条件化在其中起到了推波助澜的作用。该疗法的实质就是减少他人评价的分量，帮助求助者在自我概念中去掉自我价值的条件化作用，充分利用自身有机体的评价过程，使人能够接近他原来的真实经验和体验，不再过度信任别人的评价，而更多地信任自己，重建个体在自我概念与经验之间的和谐。

在本案例中，阿兵失去了专业和梦想，觉得很痛苦，从积极关注的角度来看，这说明阿兵有自我实现的倾向。通过咨询，阿兵意识到自己之所以感到失落和绝望，除了客观失去的哀伤，还因为自己迫切需要自我成长。至于自己想要朝着哪个方向成长，阿兵回忆到自己的初心是想当一名作家，但高考时选择了社会热门的法学专业，毕业后又因为女朋友轻易放弃了法学专业，如今最初的作家梦想没有实现，法学道路也被丢弃。如此看来，阿兵想自我实现的动力是有的，但是方向总是摇摆不定，没有坚持初心，以致最后感觉一无所有。

罗杰斯认为，人拥有有机体的评价过程，个体自身的满足感是与自我实现倾向相一致的，凡是符合自我实现倾向的经验，就被个体所喜欢、所接受，成为个体成长发展的有利因素，而那些与自我实现倾向不一致的经验，就被个体所回避和拒绝。在阿兵看来，他真正想要实现的梦想是成为一名作家。通过深入咨询发现，阿兵在工作中多次运用到法学专业知识帮助自己和他人，只是这些与阿兵的作家梦想并不一致，因此被阿兵所回避和拒绝，认为过去的一切一无是处，现在一无所有。

阿兵内心真正想成为的是作家，而不是律师，也就是阿兵的经验是成为作家才算自我实现，才能获得自我满足感。但在选择专业时，受到父母等重要他人或社会规范的影响，通过价值的条件化，形成了新的自我概念，认为法学专业是有价值的，因此选择了与真实经验不一致的法学专业。而大学毕业后，又受女朋友的影响轻易放弃了自己的专业，选择去女友的家族企业中工作。这才出现了我们开头的女友丢了，工作丢了，专业和梦想也丢了，感觉几乎一无所有，失去了一切。通过咨询，我让阿兵去掉价值的条件化作用，也就是父母或社会认可的法学，还有女友家族企业的工作，充分利用有机体的评价过程，使他接近原来的真实经验，即通过写作来自我实现。

04 重拾梦想，永不算晚

摩西奶奶的作品在世界各地的博物馆都有展出。在她的晚年时期成为美国著名和最多产的原始派画家之一。她对自己了如指掌的农场生活描绘起来可谓驾轻就熟。她用明快的色彩画出一些欢乐的场面，像农夫抱柴生火，铁匠钉马掌和小孩子们肚子贴地滑下雪坡等。2014 年 11 月中国首次出版摩西奶奶随笔作品《人生永远没有太晚的开始》。2015 年 3 月出版《人生随时可以重来》，这是国内首部最全面、最准确介绍摩西奶奶一生的书。

案例中的阿兵，想要重拾梦想，又顾忌年纪偏大，身负赡养父母等压力，不敢重新出发。针对阿兵的这种状况，我采用模仿法的心理咨询方法，向阿兵提供摩西奶奶这个追求梦想的榜样，即向求助者呈现某种行为榜样，让其观察示范者如何行为以及通过这种行为得到了什么样的结果，以引起他从事相似行为的治疗方法。

如果说摩西奶奶是比较极端的榜样案例，那么法医秦明的事迹对于阿兵来说更有借鉴意义。秦明，男，1981 年 1 月生于安徽省铜陵市，皖南医学院毕业，《尸语者》《无声的证词》等畅销小说作者，现任安徽省公安厅物证鉴定管理处法医病理损伤检验科科长，副主任法医师。第四届安徽省法医学会秘书长。2012 年春节，秦明开始在网络上更新一部名为《鬼手佛心——我的那些案子》，这些都是他自己的创作。小说的特别之处在于，不仅仅是为了满足读者的好奇心，而且试图普及一些法医学的知识，诸如尸斑是怎么形成的，钝挫伤的刀口是什么样的，如何利用尸块找到死者的身份信息，等等。作者就像一位导师，告诉读者在日常生活之外，还有另一种真实。眼睛看到的不一定真实，只有用手术刀才能解读死者最后的语言。

可以给阿兵启示的是，想成为作家不一定要辞掉工作做专职作家，完全可以找一份养家糊口的工作，在职业的基础上积累丰富的素材，等到时机成熟，再让梦想在肥沃的土壤中开花结果。

　　兜兜转转，那个曾经失落的梦想又回来了。也许，它从来都没有被遗忘过。如今，它在你有了更多的人生阅历和素材以后重新点燃你内心的火花，这是它与你难分难舍的机缘。

　　梦想总是要有的，万一实现了呢。

🔑 咨先生与询小姐说

　　罗杰斯在《成为一个人是什么意思》中说道："他……变得越来越是他真正的自己，他开始抛弃那些用来应付生活的虚假的伪装、面具或角色。他力图想发现某种更本质、更接近其真实的东西。"一句话，就是去掉价值的条件化作用，接受自己的经验，信任自己的评价，成为真正的自己，迈向自我实现——什么时候都不算晚。

闺蜜把我推向婚姻的坟墓

陈英丽

> 长大后的我们终于知道:
>
> 看似完美的爱情也存在问题,
>
> 看似亲密的友情也并非无间。
>
> 可是,所谓"长大后",往往是在经历世事沉浮、风吹浪打之后。
>
> 我们在有问题的爱情中成长,也可以在瓦解的友情中长大。
>
> 长大不是过去完成时,它永远都是现在进行时。

电影《闺蜜》(导演:黄真真)通过展现三位都市女性之间亲密、保护、牺牲与宽容的关系,让观众看到了一种积极乐观的闺蜜情缘、姐妹情深。

然而,在现实生活中,闺蜜之间争风吃醋、羡慕嫉妒甚至刻意背叛的故事,也屡见不鲜,令人唏嘘。人们常常会问:当原本温暖贴心的友情遇到了事业和爱情的冲击,是否还能经受住现实和人性的考验呢?

其实,单单拷问闺蜜情的牢固性与真实性,除了煽动对友情的失望情绪以外,并不能带给我们想要的温情。一个经常被忽略的实际很需要我们进行探讨的问题是:在经历过一段失败的闺蜜关系之后,究竟谁才是那个需要为友情负责任的人呢?

01　伫立在寒风中的女子：闺蜜把我推向婚姻的坟墓

我第一次看到小美的时候，她还不是我的来访者。来访者其实就是客户，我们这个行业习惯将客户称为来访者。我下了班开车到一位朋友家蹭饭，到了小区门口右转弯的时候，一位站在路口的年轻女子从车窗外闪过。虽然只是很短暂的瞬间，我还是记住了她：一袭合身的大衣，玲珑的线条，长长的直发，精致的五官，在萧瑟的冬日里显得楚楚动人。由于有事要谈，我一连三天都在差不多同一个时间到朋友家去，每次逗留一到两个小时。意想不到的是，那位女子，每次都在同一个地方站着！我来的时候她已经在了，我离开的时候她仍然在。我忍不住猜测她每天长时间地站在寒风中路口的缘由。就把心中的疑惑说给了朋友听。巧合的是，我朋友跟这位女子也算认识，对她的情况略知一二：大概是夫妻之间闹了矛盾，丈夫离家不归，而她则以长久在路口等待的方式期望丈夫回来。"估计是发生了较大的事情……"，朋友说，"既然你也看到她了，不如我回头建议她到你那里做做心理辅导，换换心情也好啊，这么冷的天，总是站在那里等也不是办法。"几天后，她成了我的来访者。

小美的丈夫毕业于名牌大学，在本地一家著名企业做高管，三十岁左右的他可谓年轻有为、春风得意。青春靓丽的小美则是一名演艺人员。在一次广告招商活动中彼此认识之后，郎才女貌的他们被很多人祝福和看好，一年后便喜结连理。本来，小美对她的婚姻是很满意的，她学历不高，人脉不广，而丈夫的学历和社会背景弥补了她内心的缺憾。两人感情的破裂源于一个月前的一天，小美跟一位同是演艺人员的闺蜜用微信聊天。其中聊到了小美目前的婚姻生活以及跟婚前的一些朋友和客户的联络情况。没想到第二天，闺蜜把她们聊天的内容悉数截屏发给了小美的老公。老公看后怒不可遏，当即找来小美质问，小美看着他手机屏幕上闺蜜发来的信息，眼前一阵发黑，浑身颤抖。当天老公愤然离家去了公司，第二天发消息给小美："近期我不会回家了。"任凭小美怎么解释和哀求，都没有得到丈夫的谅解。现在已经一个月过去了，除了回来两次拿必要的衣物以外，丈夫拒绝再跟小美见面，并表示可以考虑离婚的事情了。绝望中的小美发消息给老公："我不能失去你，我会每天站在小区门口等你回家。"于是就有了我看到的画面，楚楚动人的小美每天长时间地伫立在寒风中的路口，自虐般等着丈夫归来，当时她已经这样等了十一天。

小美想不通，多年的好闺蜜，怎么会如此赤裸裸地出卖自己，毫不手软。为什么破坏自己婚姻的，不是无孔不入的小三，而是自己无话不谈的好朋友？她反复地拨打闺蜜的手机想要问个究竟，却被对方屏蔽了所有的联系方式。

小美也不能理解，平时还算恩爱的夫妻，遇到事情怎么会连基本的信任都没有？

"我其实并没有做对不起他的事情，他为什么不相信我呢？我就要站在这里等，等到他回来为止。"在一开始的交谈中，小美激动地多次重复这几句话。

02 勇于面对内心的荒芜：不自信和矛盾的价值观

小美和闺蜜在微信中究竟说了些什么内容，使得闺蜜决定告密，而且老公得知这些内容后愤然离家呢？

原来，小美在闺蜜面前大秀恩爱，主动爆料两口子之间的近况，比如老公又给她买了某国际品牌的名贵首饰；比如，老公被派驻某国外高校进修，带她去陪读并且游玩了大半个欧洲；当婆婆和她有矛盾的时候，"老公总是站在我这边"；"那个老女人简直不可理喻，她不喜欢我，我还懒得看她一眼呢！今后有了孩子也不会让她带。"更关键的是，当闺蜜问小美跟之前的某老板是否还有联系的时候，小美回复说："跟现在的老公认识以后，就跟那位老板断了联系。但是……其实虽然我结婚了，可是还有另外一位老板一直在追求我，还给我买了一套房子，钥匙都已经给我了……"

这就是闺蜜截图发给小美老公的主要内容。小美之前在讲这些给闺蜜的时候，虚实齐发，口无遮拦。现在，却成了自己的把柄和"罪证"。

可是，她为什么要跟闺蜜讲这些呢？

小美沉默了一会儿，最后鼓起勇气说，"就是因为我的虚荣心吧。我想让她知道我过得很好，不但老公对我好，别的老板也仍然对我好。"

其实每个人多少都有点虚荣心的，虚荣心本身并没有太大问题。但虚荣心背后，是否与价值观和不自信密切相关，这才是我们解决问题时需要进行探讨的。

小美承认，她很不自信。

她举例说：每次老公带她出席同事或者朋友的聚会活动，她都很不自在。因为她觉得其他人都是高学历的精英，而她的学历根本说不出口，她觉得别人一定会看不起她。于是每次聚会时，她都闭口不言，给别人一副"冷美人"的印象。她老公告诉她没必要这样，每个人都有自己的长处，但她就是过不了自己这一关。

不自信的人，往往处处想证明自己比别人强，以此希望得到别人的认可，使自己心理上得到短暂的"安心"。殊不知，将自己的"安心"寄希望于别人的认可，并不是可靠的选择。有时候别人会友好地认可你，有时候则不一定，甚至有时候会贬低和伤害你。

那么小美怎么看待自己的价值观呢？

"别的老板也仍然对我好"，是她用来说明自己"过得很好"的证据之一。

"你有没有想过，一个对现有婚姻很满意的女性，仍然跟丈夫以外的男人有密切联系甚至有高额的物质往来，是你认为'过得好'的重要条件吗？或者说，处在幸福婚姻中的你，真的仍然期待有那么一位老板一直追求你并送你一套房子吗？"我问她。

"不不，其实这个老板给我买房的事是我虚构的，我很爱我老公，也早就没有再联络过其他人了。我对自己的婚姻很知足。我也不知道当时是怎么回事儿就顺口编了出来，也许是因为我们以前的圈子里大家都以这个为荣吧。"

结婚后的小美，其实很明白自己想要的是什么，"愿得一人心，白首不分离"足矣。但是她的价值观里仍然有过去形成的思想观念的影子，在不经意间就流露出来，影响着她的一言一行。

"那么，对于婚后的你来说，如果没有发生现在这个变故，怎么样的生活状态才算'过得好'呢？"我进一步帮她整理内心真实的需要。

小美说："其实只要老公对我好，我就觉得很幸福了。"

谈到这里，小美意识到了自己价值观里存在着互相矛盾的地方，需要进行"去伪存真"的梳理。

不自信和矛盾的价值观使小美无法坦然地根据内心的真实需要去生活。她的内心世界有一部分已经被爱情唤醒，开始呈现生机，但仍然有一部分处于荒芜状态，无法给她强大的力量去面对外部世界，反而在很多方面反复掣肘着她向更好的生活状态行进。

03　勇于承担事件的责任：我们不再是朋友，但错不全在你

除了自信心和价值观的问题，其实小美还需要理清的是：给闺蜜讲这些内容，除了满足自己的虚荣心之外，是否还想获得什么预期好处或者收益，是否有比较或者攀比的意图在里面。

面对这个问题，小美痛苦地闭上了眼睛。良久，她低声说："我当时就是想让她知道，我比她过得好。她总是在我面前炫耀最近又接了什么好的演出机会，而我好久都没有活儿干了。"

很显然，这两位好闺蜜，互相在用对方没有的东西来相互刺激，不管是有意还是无意。如果彼此是敌人，这么做也许没有负担。问题是，她们是敌人吗？

小美的答案是否定的。她回忆起两个人多年来一起租房子，一起找工作，一起演出，一起吃盒饭……打雷的时候，两个人吓得在被窝里抱成一团；最难的时候，两个人互相鼓励，相约一定要熬到功成名就的那一天。

我问她："你希望闺蜜过得好吗？"

小美认真地说："当然。我们那时候经常接不到活儿，生活真的很拮据，互相帮忙才熬过最难的日子。这份感情是不会假的。"

"你觉得闺蜜现在过得好吗？"

小美显然没有想过这个问题。她想了一下说："也许不太好吧，原因是她年纪也不小了，早几年就想脱单，可是一直没能如愿。有一次好不容易找了一个感觉不错的男朋友，没想到却被骗了，那人已经结了婚并有了孩子。这件事让她消沉了很久，想必她也为此很苦恼。"

"我们可以探讨一下，当你对她讲述你的幸福婚姻以及你的情场得意时，她会是什么样的心情，对此你怎么看呢？"

"她应该很难过，很失落……也许我真的不该跟她讲那些。可是她也跟我炫耀她接了很好的演出机会！"小美讲出自己炫耀的理由。

"当她在你面前炫耀她接了很好的演出机会时，你的感觉又是怎样的，可以告诉我吗？"

"很酸，很痛！"她说这话时，不由自主地闭上了眼睛，面部肌肉不易察觉地抽动了一下。想必她回忆起了当时很酸很痛的感觉。

"这种感觉一定很不好受，我都能体会到你当时的难过。反过来，我们可以想一想，当你在她面前炫耀婚姻的美满幸福时，她的感觉一定也'很酸很痛'，我这么说你同意吗？"

"嗯，应该是的。"小美若有所思。

小美的心里其实并非没有善意，她只是习惯性地寻求一种建立在不自信基础上的优越感，仿佛别人有一些成绩就意味着她自己矮人一等，哪怕对方是自己的朋友。也许对方也是如此。

于是曾经共患难的好闺蜜，无法再给彼此真诚的祝福。当闺蜜跟她讲自己获得了很好的演出机会时，这刺激到了小美的痛处，激发了她习惯性的防御心理，于是她找准了闺蜜的软肋，罗列了很多证明自己过得很好的例子，来建立自己相对的优越感。

这听起来很阴暗，其实也很可惜。

因为她们如今在不同的方面分别取得了一些收获，一定程度上实现了当初抱团取暖时的夙愿，这本是两桩值得互相庆贺的美事。

"可能我们都不太懂事吧。其实我现在，没那么恨她了，我肯定刺伤了她的心。"小美叹着气说，"我们原本应该互相祝福的，可是现在我们恐怕再也无法做朋友了。她做得很绝，我也有责任。"

04　勇于学习新的思维模式：与身边的人"共情"

人本主义大师罗杰斯提出了一个被广泛应用的心理学词汇——"共情"（empathy），又称同感、同理心等。共情原本是针对咨询师提出的，希望咨询师具备站在来访者立场看问题的态度和技能，理解来访者独有的情感体验和思维方式，"想来访者之所想，急来访者之所急"，而不是凭着自己的人生阅历和价值观来主观评判和指导。当咨询师能够比较好地运用共情这一技术时，来访者往往会在咨询过程中感到被理解、被接纳，感到愉快和满足，并勇于进行自我表达和自我探索，从而有助于提高咨询的效果。

其实，共情不仅仅在心理咨询过程中有积极意义，在人际交往和日常生活中也同样适用。我们常常羡慕有些人拥有良好的人际关系和知心的好朋友，仔细观察就会发现他们往往是那些把共情做得非常到位的人。

但另一方面，对于人际关系不良或者经常遭受人际关系挫折的人来说，我们不妨进行自我觉察：当身边的亲人或朋友需要获得理解、关怀和情感倾诉的时候，我们是习惯性地按照自己的人生阅历和价值观来评论一番呢，还是满腔热情地要求他一定要按自己的办法试一试呢？或者干脆不去在意他此时此刻的心情，只想把自己想说的先说个痛快，好像抓住了一次展现自己"高明"和"优越"的机会一样。如果是这样的对应方式，那么很可能让倾诉者感到失望，减少或者放弃再跟倾听者"交心"的机会。这还算轻的，很多时候倾听者过多地立足于自己，还会给倾诉者造成严重的心理伤害。

小美和她的闺蜜，曾经是抱团取暖的好朋友。但是当闺蜜在婚恋的道路上一路坎坷的时候，小美没有给予及时的关心和情感支持，反而多次有意地炫耀自己的幸福；当闺蜜好不容易获得了不错的演出机会希望得到朋友的祝福时，小美在"酸痛"的感觉中继续炫耀自己的婚姻有多美好，没有任何对闺蜜的祝福。

如此就不难理解，虽然小美把对方当作亲密朋友，甚至跟她交流私密的事情，但拥有的却是表面风平浪静实则暗礁丛生的闺蜜关系。她被背叛和告密，也可以理解为：因为你对别人的伤害，别人有可能加倍还回来。

当然，之前的小美，因为内心的不自信和矛盾的价值观，总是不由自主地刻意营造自己的优越感，才会多次忽略了闺蜜的感受并对她造成了不小的伤害。这是可以理解的，但同样也是需要学习和纠正的——如果她希望今后不再重蹈覆辙的话。

05 勇于重新看待婚姻的危机：我需要理解丈夫的选择

经过三次咨询，小美更多地了解了自己内心的特点以及这些特点对自己生活的影响，也明白了被闺蜜背叛和告密这件事情并不完全是闺蜜一个人的过错，她也有需要学习和改进的地方。

我们遇到的每件事情，其实都有可能是生活恩赐的老师，教会我们更好地生活，比如她也习得了"共情"的重要性。

她对自己跟闺蜜的关系，用小美自己的话说，"看开了也就算了"。从此相忘于江湖，遥祝各自安好就是。

但是对自己跟丈夫的关系，小美却不能随便就算了。毕竟他是值得小美牵手一生的伴侣，小美对他是真心的。接下来最重要的事情，就是寻找挽救婚姻的办法。这不是一件容易的事情，我也无法凭自己的感觉和经验立马就指出一条可行的道路。

但是小美是这么说的："我想我需要理解我老公的选择，我之前总是过于计较表面的东西，比如旅游和购物；总是要求他为我做很多事，而忽略了一个妻子应该做的事情。他那么优秀的人，看到闺蜜发的那些截图，一定感到很伤自尊。我不但给他虚构了'绿帽子'，还辱骂了他的母亲，这对任何一个男人来说都是无法接受的。我不再纠结他不信任我了，也不再怨他不听我的解释，但我不会放弃他的，我得好好想一想该怎么做。"

"那么，你还打算继续每天站在路口等他回来吗？"

小美不好意思地笑了，"不会再站路口了，但会换一种方式继续等他。"

我如释重负。小美不再是在绝望中盲目任性和执拗的小美了。经历过这件事情，她的内在力量慢慢地被唤醒，逐渐学会了积极的思考方式，整个人也开始散发出由内而外的生机。

临别时，我告诉小美：不自信其实不用刻意去改变，遵从内心真实的感受去说话和做事就行。

咨先生与询小姐说

　　心理咨询的意义，不是要成为来访者丢不掉的"拐杖"，而是帮助来访者获得心灵的成长，借此，当事人能够得到宽容和接纳，能够更全面地认识自己，更清晰地了解自己的需求，并拥有改善的愿望和力量。

　　在来访者的人生故事中，咨询师陪伴他们的时间和次数可能是有限的。当他们觉得自己已经理清了思路，具备了自己独自去解决问题的力量时，咨询师的任务也就完成了。

人无瑕疵不可交

季　未

　　"在你那里，我成为我自己。"第一次听到这句话，是在一次培训中。它的本意是指，作为咨询师的我们，要给来访者提供这样一种氛围，即来访者在咨询师的面前，可以说出他们内心最真实的想法和流露出最自然的情绪，咨询师对此不会急于作主观评判，没有条条框框，有的是共情和接纳，还有之后的共同探索。

　　"在你那里，我成为我自己。"不得不承认，在第一次听到这句话时，我自己就被温暖到了，这种态度呈现出来的温暖、接纳、没有评判……是多少人期待又缺乏的。作为一个社会性的个体，我们每一个人都有归属和爱的需要，我们希望被理解、被接纳。然而，却有这样的一些人，他无法接纳自己，也无法接纳别人。

01　对每份友情，都觉得不够的女孩

　　坐在我面前的小艾，清瘦、白净，有着典型江南女子的秀气，却又似乎多了些让人无法亲近的生分。首次咨询，她一直低着头，轻声细语，两边的头发遮住了脸颊，显得原本就清瘦的脸更加修长。小艾来找我，并不是因为她从朋友那里得不到支持和接纳，确切地说，恰恰相反，因为她无法包容和接纳自己身边的朋友。二十出头的小艾，倾诉着这个年纪的姑娘

常有的困惑之———对友情的渴望。虽然看上去也有走得近的伙伴，她却从未在内心里将他们视为"好友"。每当自己内心有苦楚时，却找不到合适的倾诉对象。这种感觉，当然是会让她感到无比的孤独和无助。

谈到周围的朋友，小艾深深地叹一口气："我总觉得没有一个真正让我发自内心认可的好朋友，每份友情，都觉得不够……我有个朋友芳，为人仗义，很会照顾人，但是我忍受不了她因为一些小事就和服务员当众吵起来的暴脾气。我觉得这样很丢人……"说到这里，小艾微微抬起头，怯怯地看了我一眼。我朝她微笑着点点头，鼓励她继续说下去。"还有一个朋友丸子，很可爱，很阳光，但是她太活泼好动了，不够淑女，我觉得她太幼稚，每次和她一起出去的时候，都要担心她有可能因为太开心而大喊大叫。有一次在商场里，看见一个熊本熊雕塑，她当场就开心得大叫了起来，周围的人都看着我们，当时我的脸就红到脖子了……嗯……其实，我觉得她们有点……有点不配做我朋友……"最后的这句话，她用了在人耳范围内的最小的分贝慢慢地吐了出来。我心里默想，大概这又是一个典型的"乖孩子"，对于评价别人"丢人"、说"不配当我朋友"这些看起来让自己的形象不那么"美好善良"的话，都会让她备受压力，想必这些话是她平时在生活中不敢说的。

我问她："你期望的友情是什么样子的？""体贴、正能量、不矫揉造作、脾气好……"小艾咬着下唇，轻轻地回答。"哦，听上去这都是些非常棒的品质呢。"小艾不好意思地笑了笑。我继续问："那缺点呢？"小艾摇摇头："我很难容忍我的好朋友身上会存在一些缺点……"职业的经验告诉我，一个人如果对"缺点"有着几乎为零的容忍力，那她一定是对自己也不够接纳。于是我问她："你对自己有什么样的期望？"小艾先是一愣，接着红了双眼："我希望自己是没有缺点的……我不喜欢现在的自己……"毫无疑问，之后我们咨询的方向变成了小艾的自我接纳问题。

从小艾的身上，我们看到，我们对于别人的要求，往往折射出我们对自己的要求。一个不喜欢自己身上某特质的人，同样也会把这个愿望投射到自己的朋友、伴侣甚至孩子的身上。一个不允许自己情绪失控的人，会格外在意自己的朋友当众发火；一个多愁善感的姑娘，会尤其在意另一半的情绪低落；一个自己没考上名牌大学的母亲，会特别希望自己的孩子能考入名牌大学……

02 为什么我们会对自己和别人不够接纳

第一，从心理发展水平来说，心智程度较低。

这里的心智是指一个人心理成熟的程度。精神分析理论认为，在孩童时代，我们的心智是非常弱的，我们的思维特点也是非黑即白。当妈妈给我们好吃的、顺从我们的时候，她就是个"好妈妈"；当妈妈没有满足我们的需求、没有及时给予照顾时，她又变成了一个"坏妈妈"。很小的孩子无法将"好妈妈"和"坏妈妈"这两个部分放在同一个人身上，在他们看来，妈妈要不就是"好的"，要不就是"坏的"。就像案例中的小艾，她无法将一个人的优点和缺点同时整合在同一个人身上。而当个体慢慢成熟，他就会从"非黑即白"的思维模式转向能够接受黑白中间的"灰色地带"，也会慢慢发现，任何人都是有优点和缺点的，这个人的缺点，并不会影响自己对他优点的赞赏。

小艾从小在家人和老师的赞扬下长大，一直都是"别人家孩子"的她，是从来都不会允许自己有不好的表现的，"那会影响我在别人心目中的形象，我害怕失去光环"，小艾如是说。

第二，从人格结构角度来看，"超我"过于强大也会造成对自己和别人不够接纳。

心理学鼻祖弗洛伊德曾经提出过人格结构理论，他将人格分为本我、自我、超我三层。本我就相当于各种本能和欲望，就像西游记里的猪八戒，遵循的是快乐原则，想干嘛就干嘛。超我就相当于一些原则和道德，生活当中规范我们行为的条条框框，就像唐僧，悟空稍微犯点儿错他就开始念紧箍咒。自我是协调本我和超我后的产物，一方面要满足本我的各种欲望，另一方面也得满足超我的各种"要求"。

在了解了小艾的成长史后，我们就不难理解为何小艾如此追求完美。小艾家境优渥，父母平时对她严格要求，并尽力将其打造成"淑女"：吃饭不能发出声音、不可以大声说话、不可以发脾气等这些都是最基本的要求，从小的环境，让她慢慢认同了"女孩子举止优雅、乖、顺从，才会让人喜欢"的信念。而这些"要求""应该"在日后的生活中就变成了超我。所以每次当她看到朋友大声说话、打闹，甚至牙缝里有菜叶，她都会觉得这些是"不应该""不可以"的，于是小艾就会在心里默默地和对方划上界限。心里觉得她还不够好，她还不足够成为我的好朋友。

03　如何提高自我接纳的程度

首先，从多角度看待一个人的特质。

在后面的咨询中，我常常和小艾讨论她身上的一些缺点，以及给她带来的影响。

我们经常会从单一的角度看到一个人的特质。比如这个人不细心，我们就只看到他不细心的这一面。但是如果我们再想，一个不细心的人，可能他的注意力不在细节方面，而在于整体和全局，也许他是一个很有战略眼光的人，他善于从整体去考虑形势的走向，那么他就没有那么多的精力对每个细节想得面面俱到。如果我们从这个角度来看，就会知道，任何事物至少都是有两面性的，或许我们只看到了一个硬币的一面，而忽视了另一面。

第二，让超我更谦虚。

小艾对自己的接纳度很低，源于她的超我太过于强大。当她想要提出和别人不同的观点时，她的超我会蹦出来告诉她"万一我说错了怎么办？万一别人笑话我怎么办……"，当别人对她提出一个要求而她想要拒绝时，超我就会告诉她"那会不会别人就不喜欢我了？我是一个乖孩子呀，怎么可以拒绝别人的要求呢……"所以小艾在别人面前呈现出来的是一个好脾气的、见人就微笑的、好像从来都不会拒绝人的天使般完美的形象。

经过一段时间的咨询，小艾开始意识到超我在她生活中如何起作用，于是，我们开始进入"和超我辩驳"的阶段。

我让小艾列出经常在脑海中出现的超我的清单，然后一条条地进行辩驳。比如对"我不应该拒绝别人的要求"这一问题，我们开始去辩驳——

"如果你拒绝了别人，会怎么样？"

"别人会生气，不和我做朋友了。"

"如果别人因为你拒绝了她而不和你做朋友了，会怎么样？"

"以后我们就形同陌路，相互没有交集了。"

"没有交集会怎么样呢？"

小艾思考了一下，不好意思地笑了笑："对于不是很亲近的朋友，好像也不会怎么样。"

"那你如果换句话说'我可以选择拒绝别人'，重复这句话，会有什么感觉？"

"我可以选择拒绝别人……好像这样说主动权在我了，我可以选择决定拒绝还是不拒绝。"小艾若有所思。我很高兴，她又往前迈进了一步。

但也并非每一个对超我的反驳都这么容易。比如对她列出的"我应该是一个文雅的人"——

"如果你不是个文雅的人，会有什么糟糕的后果？"

"别人不喜欢我，我的家人、朋友，可能都会离开我。"

"别人不喜欢你，会导致什么糟糕的后果？"

小艾一愣："我没想过，我觉得太糟糕了。"

"没关系，我们可以试着想一想。"

"我一个人生活，我很孤独……"说着说着，小艾又流下了眼泪。在这里，小艾面临的是一个更深的话题——害怕被抛弃。对现在的她而言，需要帮助她暂时避开这个结果。所以话题就变成如何预防这个糟糕结果的发生。

"对于你而言，这些好像确实是你不能接受的。那如果让别人喜欢你，一定得需要你是一个文雅的人吗？是不是只有文雅的人才会受别人的喜欢？"

"好像也不是……我那个朋友丸子，每天大大咧咧的，一点都不文雅，但是我们班好多人都爱跟她玩，而且还有两个男生都表白她了呢。"沉默了一会儿，她抬起头对我说："老师，我明白了，是不是除了文雅，我也可以选择其他的方式让别人喜欢我？比如像丸子那样真实、像芳芳那样讲义气，这些都可以帮我赢得好人气。""当然。"我不禁赞叹这个姑娘的悟性。"所以，我可以说'我选择让自己变得文雅，我也可以选择让自己变得活泼'，下次我的超我再跑出来跟我说我应该怎么怎么样时，我要跟他说：'喂，请你谦虚一点！'"第一次，我看到小艾如此绽放的笑容。

几个月之后，我接到小艾的电话，她非常高兴地告诉我，她已经学会不断调整对自己的要求，虽然有时仍然会有，但她已经知道怎么和它们去工作。并且很奇怪的是，对于朋友，她也不像以前那么挑剔，反而和朋友也越来越亲密……

挂了电话，温暖和喜悦再次涌上心头，让我不得不再次想起那句话——"在你那里，我成为我自己。"

咨先生与询小姐说

当一个人对自己不够接纳时，他也会把这种要求强加到朋友身上，对朋友也同样会有诸多要求，因而我们说"人无瑕疵不可交"。而当我们脑海中经常有跳出来不接纳我们的声音时，请这样做：

（1）告诉自己事物是有多样性的，没有什么是绝对正确或绝对错误的。

（2）对那个声音说"对的，我听到了你这么说，但是我仍然可以有我自己的选择"。

友情也需要"保鲜"

王晓芙

> 轻轻地手挽手，
>
> 温柔的情谊在指间流淌，
>
> 汇成心与心的桥，
>
> 通向绚烂的自由岛，
>
> 那里有我们的梦和欢笑。

几年前，看过一部泰国电影《亲爱的伽利略》，讲了两个可爱的泰国女孩，分别处于失恋和落榜的状态，一阵沦落哀叹后，两人决定离开泰国，飞往欧洲，开始一段未可知的旅程。基本上，似乎以友情作为主题的电影并不算多，这一部对友谊的诠释却令人动容！其中，印象最深的是这个桥段：其中一个女孩子功成名就回国时，本以为自己会孤零零一个人，下了飞机却被那个曾与她一起旅行的女孩的真诚浪漫之举深深地感动了。回想青春时光，每个人描绘它的色彩或许各不相同，而电影中呈现的这一段自由轻狂的岁月，无疑为这两个女孩的青春添上了浓墨重彩的一笔。

01　美梦不断的 Cherry

第一次面见 Cherry，咨询师在内心不由地升起由衷的赞叹，Cherry 不仅人长得特别美：黑色长发，光润洁白的皮肤，大大的眼睛，气质也很飘逸，给人的整体感觉像是从画中走出来的，而且还是某知名外企的技术骨干。坐定后，Cherry 两眼无神地看着我，缓缓地讲述她的烦恼，声音纤弱而无力。

Cherry 已婚，丈夫在一家外资企业任高管，她自己也在外资企业做关键技术支持，两人收入都不菲，婚后感情也一直很好。可最近几个月，Cherry 经常夜里做梦，梦到以前的好朋友 Amy，梦中大多数都是她们在一起的时候的温馨美好的场面，还有令人轻松开心的语言；有时候，她也梦到 Amy 来她家找她……梦中的 Cherry 特别开心，可问题是每次她都会很快就从梦中醒来，之后，就再也睡不着了，只好盼着天快亮。长此以往，白天整个人有点恍惚，感到异常疲乏，记性也不大好了，工作起来感觉十分吃力。丈夫很为她的情况着急，建议她和心理咨询师聊聊。

咨询师首先给 Cherry 做了抑郁心理量表，得分显示中重度，咨询师进一步建议她第二天到医院精神科再确诊一下，看看是否需要同时服用一些药物，她答应了。

02　无处不在的情谊，最后无疾而终

第二次来的时候，咨询师先询问了一下 Cherry 去医院检查的情况，医院确诊是抑郁中度，开了些药，并建议她同时进行心理咨询。这星期她按医嘱服药，睡眠好一些了，而抑郁状态好像没有明显改变。咨询师劝她要耐心些，心理生病也是病，即使是药物和心理咨询并行，也需要一个逐渐的恢复过程。

咨询师随后了解到，Cherry 是从农村考入一线城市的重点大学的，梦中的 Amy 是她的同学，Amy 的家就在这个城市，上学期间一直同住一个寝室。Cherry 人漂亮，读书和做事都很认真，但话不是很多；Amy 长相一般，人很开朗，做事比较随性。她们大学在一起的时候，Cherry 感受到的基本上都是无拘无束，轻松快乐。Amy 还经常周末邀请她去自己家里，这让远离家乡的 Cherry 备感温暖，Amy 对她的好，她内心一直都很感激，

对这份友谊也倍加珍惜。

大学毕业后，她们分别去了这个城市的不同公司上班。Cherry 的公司是五百强企业，薪资福利各方面都很好；相反，Amy 的公司及待遇都比较一般。毕业近 4 年，Cherry 升得很快，而 Amy 的职位只有一点点提升。毕业 5 年多的时候，Cherry 碰到了自己心仪也令人羡慕的对象，并结婚了；Amy 还在不痛不痒地谈着恋爱。在这 5 年中，她们的往来逐渐减少，甚至是在 Cherry 的再三请求下，Amy 才来参加自己的婚礼。婚后，她俩基本没有来往，Cherry 说"我们之间终于无疾而终了"，看起来沮丧至极，且无可奈何。

真是令人惋惜，咨询师说。Cherry 在向咨询师叙说她和 Amy 相处经过的时候，曾多次默默垂泪，那是从内心深处流出来的伤心和纠结。咨询师深深地同情并理解她内心的苦痛，在她讲述结束之后，给了她一阵沉默的时间去平复心情，然后再回到咨询中来。

03 Cherry 说：
我内心对她的友情一点都没变，她却离我越来越远

在咨询中，Cherry 时常回忆起她与 Amy 在大学 4 年中生活的点点滴滴，比如一起去图书馆，一起去参加话剧演出，她还记得那次话剧演出是在 Amy 的"串掇"下她才参加的，但演出结果非常令人满意……她有时沉浸在过去的快乐场景中，有时又忧伤地摇摇头，她内在的感情丰富而纷乱。对于 Amy 的远离，她曾经试图想过很多原因，但总也想不大明白，据此，我们有一些讨论。

"我回忆了一下，不管在上学期间，还是在参加工作以后，我内心对 Amy 的友情都是一样的，她还是那么活泼可爱，我还是不大爱讲话，而且我还像以前那么在意她，依赖她……"Cherry 喃喃地说。

"也就是说，你经常反省自己，非常希望能够找出原因，想出办法去补救你们的友谊，她的友谊对你来说非常重要。"咨询师说。

"是的，我没有想到过我们的友谊可能会以这样一种方式结束，我曾经试图挽救，约她一起吃饭聊聊，想知道到底发生了什么，Amy 只是淡淡地笑着说，家里和工作都有点忙，可能我们不能再像以前在校时候那么粘，但我们还是朋友。我觉得她只是在敷衍我。"Cherry 说。

"你有没有进一步顺着她的话去试探性地问问，她的父母现在生活得怎么样，她的工作在忙些什么，有没有什么可以提供帮忙的地方？"

"没有，上学时，她有什么事情都是兜不住的，会主动讲出来……"Cherry 自然地说。

"是的，你们那么好，我可以想象，可是，现在你们不再是上学的时候，你们生活的具体环境、内容和节奏都变了，你确定她有事情一定还会主动跟你讲出来吗？"

她怔了一下，然后说："不能确定吧。"

"你刚刚提到说你内心对 Amy 的友情没有变……是否可以列举一些在过去的四五年中，你为 Amy 做的，让她感到暖心甚至感动，或自感对她某一方面有所帮助的事情呢？"

这个问题对 Cherry 也许是始料未及的，因为她凝神想了一会儿，然后，才讲了几件比较牵强的事情，便面露一些惭愧的神色。

"以前虽然我的成绩比她好很多，其实在我看来，一向都是乐观的她带领我，给我帮助……我之前没有想到您说的这些，现在看来，不管是内在还是外在，我对她的支持实在太少了。"Cherry 说。

咨询师接着解释说，Cherry 内在的感情也许是没变的，但对方不一定知道，因此，这需要言语和行动的表达，让对方知道。以前在校园中，她们朝夕相处，她可以体会到；现在各自在不同公司工作，这种表达更加重要。

很多时候，我们感觉自己没变，可在特定的情况下，也许别人的认为正好相反。

同时，由 Cherry 前面所述，她们自身最重要的两方面——工作发展和个人感情生活都在不断变化，并且二人之间呈现出较大的差距。如果想维持这一份真诚的友谊，或许更需要内敛的 Cherry 适时主动地把内在情感去作外化表达，因此，咨询师和 Cherry 又有了一段探索性的谈话。

"根据你前面所讲的，从常规的角度来看，好像你在工作和感情方面的发展都比 Amy 快很多，是吧？"

"如果从职位上来说是这样，而且我也结婚了，可是，这个跟我们的友谊有什么关系呢？我们的友谊从一开始就不是功利性的，"Cherry 有点不解地说，"我不会因为她现在职位低我很多，就会对她有所改变的，她应该明白我是一个怎样的人吧。"

"你内心对这份友谊的珍惜真让人感动！"咨询师由衷地说，"我相信你还是那个你，我也相信你们在那些青葱岁月里所集聚的相互了解和信任，可是，即便如此，有一点，我不太确定……"咨询师说。

"哪一点呢？"

"如今，Amy 是否还能够清楚地确定她个人的价值，并且在意识上清晰地知道她该怎么想怎么做。"

"我不太明白……"Cherry 睁大眼睛，显然很疑惑。

"以前在学校里，对你来讲，Amy 多数时候都是支持者和带领者，她总在你的前面；而现在，她落在你的后面很远，最起码，从社会一般角度看来是这样的。我不太确定她是如何看待自己的，你觉得呢？"

Cherry 低头想了一会儿，然后说："我们的差距会让她变得不自信？还是说她会觉得我们之间不应该有这么大的差距？她不习惯？这个问题我没有想过，我会去仔细想想……"

随着外在客观环境和个体在社会中相对位置的变化，身在其中的个体的内在想法很可能会随之有很大的变化，这时，往往位置靠前偏上的个体并没有明显感觉，而位置靠后偏下的个体有时可能会比较敏感，甚至需要重新调整适应。

04　友谊需要共同的"连接点"

在随后的咨询中，咨询师和 Cherry 还进一步讨论了关于"友谊"的话题。

那么，什么是友谊呢？友谊是一种什么样的情感呢？先哲们有过很多描述，例如，英国作家 A. C. 葛瑞林说："一个没有朋友的人就像无人照料的花园，会变得荒草丛生——看上去蓬头垢面、阴郁内向，再往后就愈发变得古怪反常、半痴半癫……对待他的朋友应该就如同对待他自己一样，因为他的朋友就是另一个自己。"葛瑞林认为："友谊，或等同于，或涉及一种品格，一种德行。"

我们可以这样定义友谊：朋友之间的亲密情谊，建立在利益一致和相互信任的基础上，表现在情感（如相互了解、相互同情）和行为（如相互支持、帮助、援助）等方面，是一种纯洁美好的感情。

从这里，我们可以看出友谊是人们在交往活动中产生的一种特殊情感，是一种相互的情感，即双方共同凝结的情感，它是"双向的"，以"亲密"为核心。Cherry 和 Amy 之间失去了往日的亲密感，Cherry 单方面想去维系友谊是不大可能的。

另外非常重要的一点是大多数真正的友谊的建立和维持需要共同的基础。不管这个基础是感性的、内在的（比如价值观，喜好），还是基于现实的、外在的（比如物质，阶层）。这两个条件之中至少需要具备一个，友谊才能建立或维持。

人们都知道马克思和恩格斯之间伟大而深刻的友谊，他们都来自中产阶级家庭，有着相似的出身，年轻的他们都对诗歌充满热情，后来也都从青年黑格尔派的自由主义转向了无产阶级的共产主义政治立场。

对于 Cherry 和 Amy 来说，她们并没有相似的家庭和阶层背景，现在连她们各自的外在条件都已经发生了很大变化，所以，可能她们必须更加注重友谊内在条件的培养、发展和稳固。

也许，去建立和存续友谊，我们需要同时看到对方身上那个我们在意的"点"，这个"点"会把我们连接在一起，这种连接会让我们各自感觉更丰富、更美好。

Cherry 说她要好好梳理一下，找出她和 Amy 的那个"连接点"具体在哪些地方，既然有那美好的 4 年时光，她应该可以找到。

05 长久的感情都需要去精心维护，友情也不例外

每次咨询之前，咨询师都会询问 Cherry 近一周的总体情况。从总体上来看，她的睡眠变得越来越好，恍惚压抑的状态也逐渐好转。

这一次，Cherry 坦言她从来没有研究过友谊，更没有研究过怎么去维护友谊，她想了解更多相关的信息，并据此更新自己的经验。所以，针对她的情况，我们具体探讨了一下怎么去维护友谊，大致主要有如下三个方面。

• 保持适时的联系和顺畅的沟通。

• 本着真诚、平等和尊重的心态进行相处。

• 提供精神或力所能及的物质支持。

天地之间，人是具有灵性的特殊动物，感情对于人来说是个奇妙的东西，看不见、摸不着，却能让我们千回百转，或高山之巅，或深海沉沦。不论爱情、友情、亲情，若想长久，哪一个不需要去精心维护呢？

06 如果你不再享受我们彼此的陪伴，我也能接受

Cherry 是需要以陪伴为主的来访者，很多时候我们的谈话很像散文，咨询节奏则像散步，咨询时间持续相对较长，这也是她所需要并且适合的方法。在咨询进行一个多月后她曾再一次约 Amy，Amy 赴约了，Cherry 先回忆了一些校园时的趣事，继而询问 Amy 近期生活的情况……Cherry

尽力使她们见面的氛围轻快愉快，她想也许她也可以试着给 Amy 力量……可以看得出，她对那次见面的感觉不错，回来跟咨询师总结说"这应该是一个新的开始吧"。

后来的咨询中，咨询师问过 Cherry 这个问题，

"你们的友谊可以回到你想要的状态吗？"

"我不确定，但我努力去做吧，这对我更加重要。" Cherry 微笑着说。

"万一达不到你的预期呢？"

Cherry 认真地想了一下，然后看着我说，"如果她现在真的不再需要或不再享受这份友谊，我也能接受吧，毕竟，她有选择怎么做的自由啊。"她的眼神不再迷离、幽怨，看起来明亮清澈，透着几分坦然。

如此，真好！

？ 咨先生与询小姐说

真正的友谊无疑是珍贵的，它和今天很多人嘴里所谓的"朋友"有很大的区别，其中最主要的，也许是后者更偏重于暂时的，是以现实利益为导向的。

我的来访者显然是把友情看得很重的那种人，虽然走向人生的高处却仍然对过去的友情挂念不舍，而且她对友情没有功利之心。另一方面，我们也需要知道随着我们的工作和生活发生变化，时间会悄无声息地改变一些人、一些事、一些感觉。如果我们真的在乎一份友情，请不要吝啬去表达和问候，请用心创造一些互动和交集。然后，还需要知道，成年人的友谊，可以有多种形式，如果回不到年少时的无话不谈、无处不在，那么淡泊、平静、牵挂但不牵扯地相处，或许更为自然舒服。一切事物都在发展变化，关系亦如是。

这样的友谊，该不该关上窗

季　未

> 所谓人际，既有人情味，又有边际。而边际又是
> 一把双刃剑，在某些时候限制我们，在必要的时候又能
> 保护我们。

不知道大家有没有想过这样一个问题：如果某天，我们驾车行驶在路上，发现路上的白色交通线全部没有了，我们开车的时候会是什么感觉？我想很多人会很忐忑，不知道会不会不小心被后面的车蹭上，不知道自己有没有无意间跑到别人的车道去，甚至不知道两个人都在行驶时蹭到了算谁的责任……而此时，我们会发现原来有一条条的交通线是多么重要。这就是规则的作用。

在生活中，同样也会碰到规则，比如人际：哪些是我可以去对别人做的，哪些是不可以的……人是不同于其他生物的物种，人和人的相遇，远远超出 1+1=2 的规则：我有我的想法，也许你不喜欢，你也有你的想法，也许我也不想要。这时候"人际"这个词就出现了。

人际是复杂的，就好像两个人之间有看不见却又千丝万缕的线，牵一发就可能动全身。这就是为什么，经常听到有人说"单位的人际氛围太让人不舒服了，我宁可选择离开……"。而让人无奈的是，不管我们去到哪里，只要有人，就会有人际。而今天的这个来访者，也是因为人际问题而到访。

01　大个子小波的困惑：我有一个"不分你我"的发小

此刻的我，坐在咨询室，等待着一名叫小波的来访者。我放下前台给我发来的首次咨询登记表，再次抬头看了一眼时钟，指针指向了六点零三分，离我们约定的时间已经过了三分钟。正当我在脑海中勾勒这个来访者有可能的形象时，"咚咚咚"，轻轻的敲门声唤回了我的思绪。在得到我的回应后，一个一米八左右的大汉，一边擦着脸上的汗珠，一边气喘吁吁地为迟到道歉。我从咨询开场的简单问候中得知，他五点半下班，到咨询室坐地铁需要二十分钟车程，地铁两端走路再耗掉几分钟路程，连吃饭都是边走路边解决的。我很诧异地问他为何不在当初约定时间的时候提出来。他摸摸头，不好意思地笑了："我觉得老师平时的时间肯定挺忙的，定这个时间肯定是对你而言更合适。"这是一个多么会为他人考虑的人呐！我在心里默默地感慨着，也许这种为他人着想的特质，也能给我们之后的咨询增加一些素材。

小波平复了一下呼吸后，开始谈他前来咨询的目的。他很困惑和自己发小之间的关系。他来自一个小县城，发小和自己一般大，现在也在同一个城市工作。小波说，说实话心里挺感激这个发小，之前结婚买房，发小二话不说就把所有积蓄借给了他，帮他渡过了这个难关。可是后来，发小经常有事儿没事儿把小波家当自己家。平时周末在他家吃吃喝喝也就算了，见到小波家有啥稀奇的玩意儿，直接就拿走了。最严重的是，上次去小波家，把小波给儿子买的乐高直接拿走了，说是"反正小宝也不玩，给我小侄子玩吧"。小波心里有点不开心，但又磨不开面子。小波的老婆对发小的行为越来越生气，要求小波尽快跟发小说清楚，否则就要跟小波离婚。现在小波是左右为难。

我听着小波的描述，看着这个一米八的大个子着急地抓耳挠腮，脑海中慢慢地浮现出一个词——人际边界。

02　很多人都忽略的人际边界意识

人际边界这个词对很多人来说并不陌生，它就像一条隐形的线，让人保持自己的空间。

心理学中的客体关系理论认为，婴儿在刚出生前八个月左右和母亲处于共生状态，此时的婴儿，尚未有"你我"的概念，认为周围的世界都是和自己共存的：饿了，自然就会有乳汁喝；冷了，就会有被子盖上。而等到分离个体化的阶段，即出生后 8—12 月左右，开始意识到自己和父母是不同的个体，这时候，人际的边界才开始出现"萌芽"，但仍不够稳定。等到三岁左右，自我意识形成后，才开始稳定、清晰地知道自己和他人是分开的，这时候人际的边界才开始清晰。

然而分离个体化阶段，又是一个规则感习得的时期，这时幼儿想要完全按照自己的想法做事，但又要学会遵从社会规则，便会形成一个冲突。所以，此时父母对规则的态度，就显得特别重要。

拿小波的例子来说，从他已有的记忆搜索发现，父母本身也总是与人为善的。在外面从来不会跟别人起冲突，和邻居相处，也是能退一步退一步。他们对小波的告诫就是"忍一时风平浪静"，所以从小到大，这个一米八的大个子，也一直是个老好人。

我问他："总是为别人着想，感觉怎么样？"小波不好意思地笑笑："感觉还挺好的，我朋友很多，大家也爱跟我一起玩。"停顿了一会儿，他叹了口气："但我也不知道怎么拒绝，感觉挺磨不开面儿的。"

成年的小波，显然已经认同了父母"忍让"的品质。如果我们把每个个体的人际边界比作一根线的话，他已经习惯了在和别人的线碰到一起的时候，迅速地把自己的线朝里拉。我把这个比喻说给她听，并问道：

"如果让你的线停在原来的地方，会怎么样？"

"那样给人感觉太不好说话了，别人会认为我这个人怎么一点都不会为别人着想。"

很显然，这是一个极端化的思维，在小波的眼里，要不就服从，要不就关系僵硬，好像没有办法出现"求同存异"的状态。

"当发小拿走你儿子的乐高时，你内心什么感觉？"

"我就想着我家小宝还是要的，不能就这么给他拿走啊，但是他好像完全没有跟我商量的意思，直接拿着就走了。"

小波内心的感受是很不舒服的，但是他压抑了这个不舒服，选择了息事宁人的方式。这几乎是一个自动化的过程：乐高玩具被拿走——诧异、不愿意——压抑内心的不愿意——息事宁人。

03 守住自己的"人际边界"，缔造良性的人际关系

第一，意识到求同存异也是允许的状态。

我们从小接受的教育，是必须做出一个正确的标准答案，即便是"参考答案"，也会被我们视为唯一的结果。这样的思维，让我们在生活中也变得喜欢寻求"唯一"答案，面对不同观点时，要不就是服从对方的（就像小波），要不就是让对方听从我们的（也许发小是这种），如果两方观点不同就会导致关系破裂。而现实是每个个体会有不同的想法，从不同的角度和立场，任何观点都有可能成立。

小波对自己的归属品有不愿意给别人的愿望，站在他的角度，很好理解；发小想要从小波家拿走玩具，这种想得到某种东西的愿望也可以理解，愿望本身没有错。但或许他们忽略了一点：不同的愿望，是可以并存的，并不一定需要某一个服从于另一个。所以小波可以不想给，发小也可以想得到。意识到这点后，就不会对有"不想把自己的东西给别人"的想法觉得不好意思，也不会觉得这样很自私或不顾朋友情面，这只是一个愿望，也就更有底气表达自己的真实想法了。

第二，学习拒绝的方法。

一旦小波有了底气，接下来需要做的，便是怎么拒绝了。

拒绝但不伤及面子，是非常考验人的。

记得我曾经在一个婚礼酒席上，参加了一个热身活动，为此赢得了一个非常可爱的毛绒礼物，看到时，便爱不释手，想着带回家给心爱的小侄女。这时旁边跑来一个大约八九岁的小姑娘，经过我身边时，停下了脚步，从她目不转睛的眼神来看，一定也是被这可爱的小玩意儿迷住了。我很能理解她想要的感受，但是我问了问我自己："想给她吗？"答案是否定的，所以我很自然地表达了对这个娃娃的喜爱之情："它很可爱，是不是？我也很喜欢它，所以我很舍不得给你呢。你想要摸摸它吗？"小女孩伸出手摸了摸毛绒玩具，咧开嘴笑着跑开了。

如果我当时直接说"我不想给你"，想想对小女孩来说，将会有多伤心，直接的拒绝通常会让人不舒服。所以，拒绝的方法是非常重要的。

因为职业的关系，我更关注和看重情绪在任何事件中的作用，所以在拒绝时，也许我们可以试着去理解情绪——我想留下这个毛绒玩具的情绪和小姑娘想得到这个毛绒玩具的情绪。因此我也会表达情绪——"我也很喜欢它"，同时会肯定对方的情绪——"你想要摸摸它吗"（意思是我知道你也很喜欢它）。所以，拒绝的时候可以从表达情绪开始。"我很担心会让你不开心，但是我确实帮不上你……""我很希望能够帮你，但是……"当我们能够理解自己和对方的情绪时，我们才能够去"共情"对方（"我能理解你"），也共情自己（"我可以不做"），而不会被一些评价（比如"你一个大人怎么还跟孩子抢东西啊"）所左右，因为，情绪没有好坏之分。

第三，敢于提出需求。

再次回到小波的案例上，在我们的谈话中，我把我们约时间的事情再次拿出来和小波讨论。小波坦言，其实当我提出六点可不可以，他确实是觉得有些赶的，但是想想既然我这么提了，应该是对我比较合适，他自己就克服一下吧。在这个过程中，小波不敢提出需求，他觉得提需求是非常麻烦别人的事儿。从道德的角度，这是一个非常为别人着想的贴心的人，但是对于他自己而言，内心似乎有个声音："我不值得别人为我改变"或者"麻烦别人，别人就不喜欢我了"。不管是哪种，都是自我评价低的表现，而越是自我评价低的人，越是需要练习提需求。

另一个关于"提需求"的重要性，是因为不敢提需求也是人际边界不清的表现。跟咨询师预约时间时，小波的责任是：提出自己的需求，表达他是否能满足我提出的需求，我同样也是。但是很显然，他帮我承担了本属于我的第二个责任。试想，如果小波在提出自己的需求时，意识到"我提需求是我的事儿，对方能不能满足是对方的事儿"，只负责自己"提需求"的责任，而不去管对方"能不能满足"的责任时，他和对方的界线就会很清晰。

当然，很多人会提出质疑，如"我说出来，别人不方便的话，不是让别人尴尬吗"，"我们总得为别人着想呀"。针对这些问题，我们可以继续深入：如果不这样做，你担心的后果将是什么？

所以试着提出你的需求吧，实在太难，也可以从"如果可以的话，可不可以请你……"开始，但请一定记得：

提需求，是我的事，同时别人也有权决定是否答应。

? 咨先生与询小姐说

界限是人际能得以继续的基础，它就像我们开车行驶在马路上的交通线，那些虚实的线告诉我们哪里能变道，哪里是绝不可逾越的底线；同样，也正是有了这些交通线，我们才能够得以安心地在自己的道上行车，而不至于时时恐慌会不会跟人挤到碰到。

人格同样如此，只有保持界线，不侵入、不退让，温柔地坚守，才能为我们独立的人格提供肥沃的土壤。

第 6 章

带着遗憾，好好生活

每个人心中都有一亩田

种桃种李种春风

荒草有时也会疯长

而我是守护心田的园丁

折翼的天使永远陪着妈妈

季　未

> 曾经听到过一个美好的传说，说每个孩子都是一
> 个天使，他们在天上排队等着下凡认领自己的家庭。所
> 以每一个被认领的家庭都是幸运的，因为只有这个家的
> 家人足够善良、足够被天使们喜欢，他才会降落在这个
> 家庭里。

这是一个多么美好的传说，让人心生柔软。然而传说，毕竟是过于理想化的，即便是天使，也可能会不小心折断了翅膀。现实生活中，有这样一些孩子，他们或身体有残疾，或智力有缺憾，或行为有些怪异，又或是所谓"来自星星的孩子"（自闭症患儿）。而当这些小天使们不是我们想象的那么完美的时候，你还会全然地接纳他们吗？

01 "来自星星的孩子"与心痛的父母

小池是典型的"来自星星的孩子"——重度典型自闭症患者，这在他三周岁零三天的时候，被医院确诊。

在很多人的眼里，患自闭症的孩子有着惊人的记忆力，有着异于常人的绘画天赋，只是不善于社交而已，甚至有人会说"就算不善于社交，能有个超强的记忆力也挺好啊"。然而，在这些的背后，是无数"星爸""星妈"们绝望的泪水和辛酸的陪伴。

　　小池的父母一开始并没有意识到这个诊断的严重性，医生详细地解释自闭症后，小池的父母瞬间崩溃："为什么是我们的孩子？"这撕心裂肺的呐喊背后，是令人心碎的绝望和无助，也是面对无法接受的现实时，最本能的一句挣扎。

　　其实在小池两岁半左右的时候，他的父母就隐约发现小池和其他小朋友的不同，比如小池在别人跟他交流时，眼睛对视时间非常短，甚至没有对视，但是却对转个不停的小风车特别感兴趣，能成半小时地盯着看；对别人的呼唤没有反应；平时不爱和小朋友玩，而且一直不会说话，有时候弄伤自己会显得无所谓，但有的时候又会不知原因地发脾气。在有一次小池被刀片划出了浅浅的伤口，却没有任何反应后，父母终于决定要带他去医院看看了。

02　自闭症患儿的症状表现与病因

　　小池父母发现的，其实是自闭症患儿的典型表现。这些临床症状总结来说，主要有以下四点。

- 社会交往障碍：通常对他人的声音缺乏兴趣，不依恋父母，不与人亲近。
- 交流障碍：很难甚至无法与人对视，语言极少，甚至不会说话只会喊叫。
- 兴趣狭窄及刻板重复的行为方式。
- 情绪冷漠、多动、自伤、攻击等其他表现。

　　经典电影《雨人》，将一个有着惊人记忆力，但是缺乏社交力的自闭症形象推上了荧幕，让更多的人了解了自闭症。然而，现实生活中，并不是所有自闭症儿童都和雨人一样有着惊人的记忆力。在美国精神疾病诊断手册第五版（DSM-5）中，自闭症被称为自闭症谱系障碍，之所以做这样的命名，是因为自闭症根据不同的程度和表现，呈现一个谱系变化。有些自闭症的孩子，智商高到惊人，能记得只看了一遍的电话号码，能知道某些国家在地球仪上的具体位置，但同样也有些孩子，智商非常低。

以下是自闭症谱系障碍的分级：

严重程度	社会交流	局限的、重复的行为
三级 （需要非常大量的帮助）	言语和非言语社交交流能力有严重缺陷，造成严重功能障碍；主动发起社会交往非常有限，对来自他人的社交接近极少回应；例如，只会说很少几个别人听得懂的词，很少主动发起社交行为，当并且即使在有社交行为的时候，也只是用不寻常的方式来满足其需求，只对非常直接的社交有所回应	行为缺乏灵活性，适应变化极其困难，或其他局限的或重复行为显著影响了各方面的功能；转移注意力或改变行动很困难或感到很痛苦
二级 （需要大量的帮助）	言语和非言语社交交流能力有明显缺陷；即使在被帮助的情况下也表现出有社交障碍；主动发起社交交往有限；对来自他人的社交示意的反应较少或异常。例如，只讲几个简单的句子，其社会交往只局限于非常狭窄的特殊兴趣，有着明显怪异的非言语交流	行为刻板，适应变化困难，或者其他的局限重复行为出现的频率高到能让旁观者注意到，干扰了多个情形下的功能；转移注意力或改变行动困难或感到痛苦
一级 （需要帮助）	如果没有帮助，其社会交流的缺陷带来可被察觉的障碍；主动发起社交交往有困难，对他人的主动接近曾有不寻常或不成功的回应；可能表现出对社会交往兴趣低。例如，可以说完整的句子，可以交流，但无法进行你来我往的对话，试图交朋友的方式怪异，往往不成功	行为不灵活，显著影响了某些情形下的功能；难以从一个活动转换到另一个；组织和计划方面的障碍影响其独立性

中国卫生部 2010 年颁布的《儿童孤独症诊疗康复指南》中指出，自闭症除了上述症状外，还经常伴随有以下 7 种共病。

- 多数患儿 8 岁前存在睡眠障碍；
- 75% 的患儿存在精神发育迟滞；
- 64% 的患儿存在注意障碍；

- 36%~48% 的患儿存在过度活动；

- 6.5% 的患儿伴有抽动秽语综合征；

- 2.9% 的患儿伴有脑瘫；

- 4.6% 的患儿伴有感觉系统的损害。

基于以上共病的存在，这使得自闭症的诊断也比较困难。

自闭症儿童又被叫作"来自星星的孩子"，因为他们就像遥远夜空中的星星一样独自闪烁，无法和外界正常交流。

小池的父母久久无法接受这个事实，说道："我们在怀小池的时候，处处小心谨慎，小池妈妈也一直保持心情愉悦，更别提会不会吃什么药了。为什么我们的孩子会有自闭症呢？"

很遗憾的是，即便像《中国自闭症教育服务行业发展状况报告》显示的那样，中国自闭症患者已超 1000 万，0 到 14 岁的儿童患病者可能超过 200 万，甚至自闭症这个名词已被很多人所熟悉，但直到目前为止，医学界仍然没有找到其明确的病因，所以相对应的预防，也很难做到。目前推测的病因包括围产期的感染、脑缺氧、遗传、脑结构异常等。

03 有关自闭症患儿的抚养与教育经验

事实无法改变，任凭小池的父母仰问苍天多少遍，生活终将继续，怎么帮助孩子康复？怎么教他一些基本的生活技能？小池的父母从无法适应到慢慢接纳，经历了常人难以想象的艰辛。

其中一个非常严峻的问题就是：这些患自闭症的孩子，大部分连自己的正常生活都无法自理，又怎么去追求自己的幸福人生？"当我们老了，没法照顾他们了，该怎么办啊"，这个担心，就像时时悬在自闭症患者父母头上的一把尖刀。

小池的父母在跟其他父母分享小池的康复过程时，说道："真的没有什么捷径，只有不厌其烦地教，忍受一次又一次的失败、失控，以及各种心灰意冷，再重新打起精神，继续教。"

在这里，小池的父母分享了几条经验：

第一，了解孩子。他们的失控和不合作并不是故意的，而是他们的生理机制决定的，他们无法理解一些概念和指令，不是他们故意对着干。

小池曾经在大马路上，突然尖叫起来；或者看到别人手中拿的东西，立马就跑过去抢过来，小池的父母只能一遍遍地赔不是。有时候，莫名地哭闹，半个小时甚至一个小时都不消停。小池的父母只能不停地教、安抚，不停地告诉他不可以随便拿别人的东西，但是即便教了很多遍，仍然会再犯。所以只能一遍遍地教，直到学会。这些行为，需要尽早教导，越早教导，越多的训练，越能帮助孩子矫正。小池的父母经过不懈的努力，终于他在 8 岁之后几乎没有出现类似的行为。

第二，要有耐心，循序渐进。一个简单的日常生活技能，例如刷牙、洗脸，可能都要分解成 10 个甚至 20 个小的步骤，一步一步地教。每次有所进步，都不要吝惜赞赏和夸奖。这种方法称之为"ABA 应用行为分析"（Applied Behaviour Analysis），通过不断地重复刺激、不断强化，帮助自闭症儿童习得基本的生活技能。然而这一过程的背后，是一次次的艰辛。小池单单一个往牙刷上挤牙膏的动作，就花费了两个月的时间学习，甚至学会了之后，又忘了，小池的父母只能从挫败的情绪中拾起精神重新教。

第三，适应社会是必要的。有些"星家长"，因为看到自己的孩子没法适应社会规则，或者为防止自己的孩子被欺负，就让这些孩子远离社会，这样反而会让孩子失去学习适应社会的机会，看似保护孩子，其实反而阻碍了他的康复。为了促进孩子成长，家长要尽量创造条件让孩子接触社会。小池的父母有时候为了让小池学会说一句简单的打招呼的话，和亲戚、朋友、邻居挨个去招呼，希望大家遇见小池的时候，尽量主动跟小池来打招呼，小池可能不一定每次都有回应，但一千次、一万次之后，终将学会。

小池的妈妈，为了让小池能够学会等待，专门带他去排队：超市排队、路边小店排队。小池从刚开始总是挣脱妈妈，随处乱跑，到后来开始能够耐心等上三五个人的队伍，再到后面能够等上七八个人的队伍，终于学会了排队这个规则。

第四，作为父母，确实承受着巨大的压力，因为很可能训练孩子一两年，都看不到明显的成效。这时候，请记得，坚持到底，总有一天你会因为孩子在买东西时能忍受短短的排队而欣喜若狂，也会因为孩子能够学会平稳的走路而感动不已。

第五，一定要寻找专业的康复机构，使用科学的方法。在刚得知孩子有自闭症时，小池的父母并不知道该如何干预。去了康复机构后，他们才知道感觉统合训练、ABA、地板时光这些方法。

感觉统合理念，是美国南加州大学爱尔丝博士（J. Ayres）首先提出，这一理论认为可以通过训练人体不同感觉的协调能力，帮助自闭症儿童恢复基本能力，包括一些让孩子识别颜色、发展运动平衡能力等。

ABA（Applied Behavior Analysis），应用行为训练，又称为行为训练，通过将任务划分为细小单元，一步步进行培训和强化的过程。

地板时光（floor time）由美国乔治华盛顿大学医学院精神病学及儿科临床教授斯坦利·格林斯潘博士（Stanley I. Greenspan, M.D.）创立，指家长和孩子利用在地板上活动的时间，围绕孩子的兴趣点，帮助孩子维持注意力，管理孩子表达情感。这一方法在其出版的书《地板时光》中有非常清晰的表达。

因为目前自闭症发病的原因尚无定论，所以没有一个普遍的、高效的治疗方式，主要还是依靠康复训练和特殊教育手段，药物治疗为辅的对症治疗措施。患者一定要寻求专业机构的治疗，切勿轻信网络上号称可以轻易治愈自闭症的大师和秘方。

同时，也提醒大家不一定要这么悲观。有很多自闭症患者具有超人的创造力等特殊才能，并且通过不断的干预和训练，很多自闭症的孩子也能够习得社会技能。大家对自闭症的研究和认识正在经历一个转变，我们相信在不远的将来，会有更多的方法挖掘，发扬自闭症患者的特长。

咨先生与询小姐说

　　我记得在一次社区调研中，居委会的工作人员带我走在小区内的马路上，那是一个冬天的下午，阳光虽不明媚却很温暖，一对母子正手挽手地站在花坛边，他们在看电线杆子上落着的几只麻雀。孩子大约十三四岁，个子跟妈妈差不多了，甚至比妈妈还健壮。孩子说："妈妈，鸟……鸟真好看。"妈妈温柔地说："是啊，宝宝，鸟真好看。"不难看出这个孩子跟普通的孩子不一样，他是一个特殊的孩子。这件事给我印象最深的地方是孩子的妈妈。她把孩子照顾得干净整洁，自己也衣着得体，梳着整齐而优雅的发髻。她看到居委会的工作人员，很自然地笑着跟我们打招呼，她的从容和温柔让我至今难忘。她的孩子不会在10岁以后就振翅欲飞、不会嫌弃妈妈的唠叨和束缚；他会让他的生命和妈妈的生命最长限度地连在一起，只有他会永远陪着妈妈。所以我想，也许那位妈妈也是幸福的。虽然她也会因为孩子的特殊而难过不安，但她带着"来自星星的孩子"活出了人间的一抹美景，滋养和勉励着带着各种困惑的人们。

原生家庭：一生怨恨还是一世亲情

陈英丽

> 我清冷地看着父母对他们宝贝儿子的宠爱，
>
> 心里暗下决心，
>
> 就你们三人相亲相爱吧！
>
> 我是家里多余的，我以后要远离你们！
>
> 多年以来，
>
> 我在远离家人的城市自力更生，
>
> 带着被父母嫌弃的怨恨，
>
> 和一种想要证明自己优秀、值得父母另眼相看的
>
> 倔强！

　　作家李月亮写过一篇文章《原谅父母的不完美》，虽然说文章只代表作者个人的观点，但是庞大的转载量说明，这篇文章激荡了无数人的内心。毕竟，与原生家庭父母的关系，直接影响着今时今日我们的性格特点和生活选择，甚至左右着我们的快乐和不快乐。

　　我在工作中曾经做过一个调查，问题是今天的你如何看待父母的不完美曾经给你带来的伤害。结果令人吃惊，原来有那么多人跟父母之间有解不开的心结，到了成年仍然刻骨铭心、不能释怀。

01 长女的怨恨：在父母眼里我是多余的

二十世纪八十年代及之前出生的人，对于中国社会的"重男轻女"现象都有比较深的体会。即便自己家里没有，身边也不会缺少这样的事例。

Q 小姐就出生在一个重男轻女思想比较严重的家庭里。俗话说，"老大稀罕老小娇。"但是作为长女的她，却几乎没有被稀罕过，因为父母从生下她的那一年起，就着急着再生一个弟弟。在此后的十多年里，父母都在想尽办法生儿子。为了生儿子，他们经常离家躲避"计划生育"的追查，把年幼的她寄养在没有什么感情基础的朋友或者亲戚那里。

Q 小姐是这样描述她的感受：父母把我寄养在一位性格古怪的朋友那里，家里只有我和她两个人，我跟她没有感情基础，感觉寄人篱下很不自在。我经常要看她的脸色，她一不高兴我就胆战心惊。她不怎么跟我说话，出门也不带上我。我一个人好孤单好害怕……父母嫌弃我，不要我这个女儿了，要把我送给别人！

小小年纪的她就已经品尝到了不被父母喜爱的辛酸，并且开始怀疑人世间的亲情了。

Q 小姐上初中的时候，父母终于有了儿子，自然对儿子非常宠爱。此时的 Q 小姐不像正常的孩子那样去发脾气"争宠"，她已经不再主动索取父母的爱，而是冷冷地观察着父母对弟弟所做的一切，并把父母对自己的"冷落"记在心里。

"我清冷地看着父母对他们宝贝儿子的宠爱，心里暗下决心，就你们三人相亲相爱吧！我是家里多余的，我以后要远离你们！多年以来，我在远离家人的城市自力更生，带着被父母嫌弃的怨愤，和一种想要证明自己优秀、值得父母另眼相看的倔强！"

成年后的她，已经有能力活得独立而精彩。然而，一提到父母，心中就充满了怨恨和酸楚之情。因为觉得不被父母宠爱，内心深处总有一块"没有被温暖过"的地方，她与父母的关系是冷淡和疏离的，跟其他人也很难建立信任和亲密感。

02　文化心理学视角：
每一个时代的人都有其独特的焦虑和局限

文化心理学是心理学的研究领域之一，是研究文化环境与人类心理相互影响关系的学科。

以库尔特·勒温（Kurt Lewin）为首的社会心理学家是文化心理学的先驱，他们认为人类的行为受到文化场的影响，这种看不见摸不着的环境，其实对我们的行为有很大的影响。

社会文化历史学家和心理学家维果茨基（Lev Vygotsky）提出：人类的心理活动从来不是发生在真空之中，它一定发生在一定的社会文化历史环境之下。

弗洛伊德也认为，在某种意义上来讲，我们的图腾、我们的禁忌、我们的文明的方式，都是对人的行为有巨大影响的文化象征。

除了心理学家，另一个领域的文化人类学家，包括早期的米德（Margaret Mead）、本尼狄克（Ruth Benedict），也发现人类的心理活动，在某种意义上讲都是独特的文化环境的产物。

不同的语言，不同的社会结构，不同的生活方式，不同的思维和行为方式都能够影响到我们的心理活动，也包括我们的思想，我们的判断，我们的选择，我们的决策，我们的情感体验和待人接物的方式。

文化心理学给我们的启示就是：我们要想完全了解一个人的心理、选择和行为，需要站在他所在的文化背景（区域和时代）上去理解。

放眼中国五千年文明发展史，不同的民族和区域文化决定了不同的心理和行为模式，不同历史时期的人们的思想观念和行为选择也是在逐渐的发展变化当中。当然，文化的演变并不是一蹴而就的，而是一个漫长的过程。今天我们的主流思想是提倡男女平等，然而并不意味着贯穿两千多年封建社会的"男尊女卑"思想已经完全消失。在中国的广大农村地区和部分城市，仍然认为"有子为荣""无子为耻"，为了生儿子付出巨大代价或者制造家庭矛盾的也大有人在。

在二十世纪八十年代前后，改革开放伊始，各种跨文化的交流、沟通、贸易、对话、合作和冲突，使得国人的思想开始与国际接轨。然而当时很多地区人们的思想还是封闭保守的，没有生儿子的夫妻，通常会面临四种巨大的心理压力：

一是来自父辈和亲戚的压力。他们会经常催促和唠叨生儿子的重要性并表达他们的失望之情。

二是自我认同的压力。觉得没有儿子就缺少某种重要的身份象征，就在亲戚邻居面前抬不起头来。

三是劳动和养老的压力。在生产力水平仍然不高、体力劳动仍然重要、社会养老体制不健全的时期，儿子的重要性不言而喻。

四是来自朋辈攀比的压力。在当时，有子为荣、无子为耻是很常见的心态。没有儿子的家庭，在朋辈聚会或者聊天时，总觉得自己比别人"矮半截"。

由此不难想象，像 Q 小姐的父母那样生活在这个时期的人们，深受"男尊女卑"的集体文化影响，如果没有儿子，他们自身会承受多大的压力和痛苦。由于无法摆脱时代的思想枷锁，不得不做出一些具有时代特征的选择，比如多次超生、因性别原因堕胎、常年离家躲避计划生育，甚至歧视或虐待女孩等，这些都是当时常见的社会现象。

其实，Q 小姐受到的重男轻女思想的伤害，既跟她父母的选择有关，也跟当时的整体社会环境有关。好在她的父母并不是故意虐待她或者抛弃她，他们也给予了她尽量好的物质生活条件和多年求学的机会，并鼓励和培养她考上了大学。

每一个时代的人都有其独特的焦虑和局限。Q 小姐的父母那一代人通常因为没有儿子而焦虑，也因为宠爱儿子而无法平等地照顾女儿的心理感受，这是他们不可避免的思想、情感和行为局限。

03　不同时代文化的沟通与理解

清华大学彭凯平教授在《文化心理学》公开课中讲道，心理学关注文化差异的研究，最主要的不是关注其他人到底有什么样的心理活动，而是通过对别人的比较，我们发现自己、了解自己、超越自己、升华自己，这就是文化心理学研究的意义和价值。文化心理学的研究目标之一，就是促进不同文化之间的交流、对话、沟通和理解，升华我们自己的文化差异。

出生在二十世纪八十年代及以后的人们，是接受崭新的教育理念成长起来的一代。他们崇尚男女平等，崇尚个性、自由和发展，并对过去的一些思想和行为进行鄙视、厌弃和批判。他们拥有可以控诉父母"重男轻女"现象的思想基础，这是一种不同于父母辈的时代文化。

然而，假如他们生活在父母辈那个时代，面临同样的压力，会做出什么样的选择呢？他们会跳出时代的局限，还是也不得不屈从于旧思想的束缚？

我们不得而知。那么，换个角度来看，对于成年后的他们，生活在二十一世纪的今天，他们是如何面对新时期的焦虑和局限的呢？

虽然他们越来越少地受到"男尊女卑"思想的影响并且给了女孩子更多的关爱和照顾，虽然内容与以往的时代有所不同，但是依然存在焦虑和局限，比如：

- 因为女性社会地位的提高和对婚姻的依赖度降低而产生的大龄青年问题；
- 因为物质条件的改善和子女数量的减少而对子女寄予过高的期望值；
- 因为过度关注孩子的成长而产生越来越多的亲子育儿困惑；
- 因为城市化而带来的购房压力和就业压力；
- 因为生活节奏的加快而产生的焦虑和抑郁情绪；
- ……

作为新生代的他们，在解决这些问题的过程中同样存在无奈、焦虑和局限性。即使少数人看明白了问题的实质，也未必有跳出问题看问题的勇气和魄力。

因此，不妨把父母当初的心理和行为跟自己当前所面对的难题以及心态进行对比，将差异进行理解和升华。

其实，每一代人面对困难的时候，大都是做出了他们在当时的大环境下最合适的选择，这是不同时代思想和行为的共通之处。人性的光辉，正是在接纳差异的认知过程中得以体现。

04　与原生家庭和解：父母的冷落，是伤害亦是勉励

很多时候，我们不是不认可父母的养育之恩，只是没能找到一个合适的理由，让自己坦然地放下与原生家庭的那些不愉快。

与 Q 小姐有着类似经历的人并不在少数，她们在童年时期或多或少地受到父母"重男轻女"思想和行为的伤害。曾有来访者对咨询师说：她四岁的时候看到弟弟在妈妈怀里吃奶，一时眼馋，就也扑进妈妈怀里想吮吸另一侧乳房，结果被爸爸用一只手揪住头发狠狠地甩了出去。还有来访者诉说：弟弟因为顽皮受了重伤，父母却怪罪在姐姐头上，并狠狠地说，为什么受伤的不是你呢……

这些早期的经历，使我们久久不能释怀，或者干脆不想释怀。因为我们有充足的理由证明自己受到了不公正的待遇或者伤害。可是，随着时间的流逝，我们在人生的风雨路上成长，有一些意外的"疑惑"竟然开始在心里悄悄地生长：我真的要永远怨恨他们吗？我该如何看待这一世的亲情呢？我放不下怨恨却也困住了自己，不是吗？

很多咨询案例说明，父母重男轻女虽然给女儿带来了心理伤害，但从另一方面也激发了女儿奋发图强、提升自身价值的勇气和决心，并由此开启了丰富的人生模式，成就了更加优秀的自己。Q 小姐亦如是。

一项与童年家庭环境和经历有关的心理学实验表明，逆境并不总是破

坏性的，它还会给人们带来积极的影响。而且这些积极的影响，并不因为个人特质而有显著差别，每个人都能从逆境中受益。这个实验的意义并不是鼓励人们去经历不幸，而是告诉大家不必再单纯地从问题的视角去看待不幸的经历，不同的经历总会从正面和负面两个方面塑造我们。

Q 小姐在离开父母之后的求学、工作、择偶、生儿育女过程中，一次次遇到生活的难题并切身体会到自己面对压力时的焦虑和解决问题的局限，她也渐渐地开始思考父母作为普通人在知识文化水平不高的情况下是如何克服生活的压力和苦难，并最终把他们姐弟两人都培养成为大学生。她也渐渐回忆起，父母对她，并不是只有冷落，也有恳切的勉励。只是很长时间以来，她选择性地忘记了那些温情的时刻，独让怨恨堵塞了回忆的通道。

成年后的我们，即便心中仍记着跟父母之间那样一些不完美的往事，随着时间的流逝，我们经历得多了，看问题的角度就越来越全面了。我们了解了自己的内心，了解了自己的不完美，也了解了父母的不完美，是时候与他们和解了。

如果人生会发生那么一个不平凡的时刻，在那一刻我们愿意面对内心的伤痛，去平静地回忆与父母之间的往事，以及这些往事如何影响着今日的自己。我们愿意重新审视与父母的关系，从而找到走出心灵阴影的那条路……希望这一刻都会出现在我们的生命里，乐观地面对这一世的亲情，任何时候都不算晚。

🔒 咨先生与询小姐说

近年来，"原生家庭"一词的提及率很高，甚至很多人把"原生家庭"当作一种归咎方式，来理解自己的情绪、人格和行为，以及为什么自己会痛苦和不幸。实际上，"原生家庭"更是一种解决问题的思路和自我成长的起点。伤害已然造成，与怨恨愤怒、追究责任或者改变父母的思想相比，意识到需要做点什么来改变这种生活以及减小给我们带来的影响，这样的理念似乎更有价值，尤其是对于终将成为下一代的"原生家庭"的成年人来说。

最后，让我们一起来思考以下三个问题：

如果我们的孩子不完美，你还会爱他吗？

如果我们自己不够完美，你希望孩子还会爱我们吗？

同样，如果我们的父母也不够完美，你还会爱他们吗？

心灵的创伤，不必刻意遗忘

季 未

> 创伤是一个经历，一个事实，它的发生无须被遗忘，也不应被遗忘。

2018 年正是汶川地震 10 周年。在 5 月 12 日这天，打开网页，铺天盖地都在悼念着 10 年前的那场灾难。看着一篇篇浸润着悲伤与思念的报道，在为逝者祝悼的同时，我的心里亦增添了对生命的珍惜与敬畏之情。

记得不久前的另一则新闻，讲述移民妈妈 Kathy，在失去了身患癌症的爱子土土后，创立了"土土的翅膀"基金会，为儿童罕见癌症研究筹集经费，并参与推动了美国历史上最伟大的儿童癌症药品法律之一的制定。在这则报道中，土土的妈妈 Kathy 提到："我不希望他们不提起我的孩子，就好像他从来没有来过一样。"

不管是经历天灾还是人祸，并不是所有人都能像土土妈 Kathy 那样，选择直面这个事件，并将悲伤进行升华（比如投身于相关的公益事业）。创伤之后的回忆，因为太痛，常常会被人刻意隐藏、遗忘。

敬佩这位妈妈的同时，我亦深深地认同她的话，失去的痛苦和创伤，是最真实的体会，并不会因为不被提及就会减少，反而会因为不被提及而没有得到应有的尊重。

01 创伤性经历与 PTSD（创伤后应激障碍）

我的一个来访者，刚进门的时候就非常紧张地问我，怎么才能帮助他的朋友忘记害怕的经历。原来他的朋友因借贷问题被人追砍，他正好那天去找这个朋友，在他家门外看见这一幕，当时就冲上去拉着朋友一起跑。当然这个过程中充满了惊险和恐惧。我看到他紧张的表情，以及紧绷的身体姿势，其实很明显，此刻他自身仍然沉浸在当初的那种恐惧中。在事后的咨询中，我询问了他朋友在事后的表现，他说："他暂时还没有什么明显的表现，但是我觉得他心里一定很恐惧。"之后我询问了他朋友是否有这些相关状况——会突然想到之前的经历、一直保持高度警觉、会刻意回避以及有认知和情绪的负面改变。这个来访者若有所思地说："目前他还没有表现出，但是我觉得他肯定是会有的。"我只能如实地告诉他，我收集到的信息太少了，并且在没有和他朋友本人面对面交流的情况下，我无法给予一个准确的评估。

在这个案例中，先不论他传递的关于朋友的信息是否客观，至少这个来访者自己是恐惧的，他仍旧沉浸在这样的创伤体验中，并且强烈地想要忘记。所以在他看来，他的朋友也一定和他一样，心有余悸无法释怀，因此才会反复强调"我想让他忘记这段经历"。

为什么痛苦的事情，如此难以被忘记？但好像特别开心的事情，总是比特别痛苦的事情，更加容易被遗忘。我们究竟为什么对于不想记住的东西却那么难以忘却呢？

也许我们了解了创伤后应激障碍这个词，就会有更多的理解。

通常人们在创伤后会出现各种各样的心理变化，比如遇到相似的事件会反应过激、做噩梦、总是回忆创伤性事件，等等。这在心理学上也有个专业名词叫作创伤后应激障碍（Posttraumatic Stress Disorder，简称PTSD）。

根据美国精神疾病诊断标准 DSM-5，PTSD 包括 4 大主要症状：

- 重现，对创伤性事件有闪回（即突然的快速的回忆）、噩梦等；
- 高度唤醒，即保持警觉，对外界的声响或风吹草动都有过度紧张的反应；
- 回避，回避可能引发痛苦记忆的人、事、场景等；
- 认知和情绪的负面改变，无法记得与创伤相关的记忆，对人、事的看法有负性信念（"我很坏""人不值得信任"）等。

从这些症状中，我们了解到，我们对这件事的高度唤醒和认知，都会让我们在脑海中对那些痛苦的创伤难以忘却，并且即便我们不停地告诉自己"我一定要忘记这件事"，然而事实上，此时我们仍然是再次将注意力回到这件事上来了。这就称之为"改变的悖论"。

02　改变的悖论

在心理学的一个流派——格式塔流派中，有一个专业术语，叫作"改变的悖论"，简单而言，就是当我们越想改变某些事情时，越是无法改变。我经常喜欢用这样一个例子来跟别人解释改变的悖论：当我说"请不要想那只粉红色的小猪"的时候，你脑海中浮现的是什么？答案通常一定是一只粉红色的小猪。这是因为，当我们越是想着改变某件事时，我们的注意力就越会在那件事上，于是急于改变的焦虑越明显，或者因过度关注导致的负面情绪就越明显，那么改变就会越困难。

先说说来访者小呆的例子。小呆这个名字不是我给她取的，是第一次见面，她自我介绍道："我希望自己是个呆呆傻傻的人，不要有不好的记忆，所以取名小呆。"

小呆的经历，源自校园霸凌，那些已尘封 20 多年的记忆，最近因为她自己的孩子遇到类似的问题，再次重现在她的眼前。

提起 20 多年前的经历，那些细节对于小呆来说，历历在目。她清晰地记得，因个头矮小被同学起绰号后，恨不得钻进地缝的羞耻；因为有一次没有将心爱的发圈给另一个女生，从此被那个女生带动全班女同学孤立后的无助和委屈……这些看似简单、微小的挫折，却让这个 30 出头的女人每每提及，都泪水涟涟。

咨询中，小呆说她在来接受咨询之前，已经有很长一段时间让自己尝试着忘记那些不好的情绪，但是每次当她告诉自己"不要再去想"时，那些记忆却好像着了魔似的，更加明显，甚至晚上开始做噩梦。她在听到自己孩子被小朋友欺负时，就开始发抖、出汗。她来咨询的目标就是——如何让自己忘记那些痛苦的经历。

同样地，我们做了"粉红色小猪"的实验，通过实验小呆明白了，为什么她越是想要忘记，越是忘不掉。然而，明白并不等同于做到。那么如何帮助小呆面对和处理这些问题呢？

03 扎根（grounding）技术

几次咨询过后，我准备好对小呆的过往创伤进行处理，而在一遍遍地回忆的过程中，小呆再次出现身体发抖、呼吸急促等反应，甚至紧紧地闭着双眼。适当地疏泄情绪之后，我开始帮助小呆平复情绪。

我说："小呆，睁开眼睛，看着我。"

小呆仍然沉浸在她的情绪中，不能自拔。我再次重复了这句话，直到小呆慢慢睁开了眼睛。

我接着说："很好，小呆，你现在是安全的，你已经不是当年那个七八岁的小女孩了。看看四周，你很安全。"

小呆点点头，情绪开始有些平复。

我继续问："现在你能感觉到你的双脚吗？"

小呆一边擦着眼泪，一边稍微动了动双脚。

我说："现在试着站起来，用力踩在地面上。"

小呆试了几次，跺了跺双脚，一遍比一遍有力。

我说："很好，现在调整一下你的呼吸。"

小呆照做，深而长地做了一个呼吸。

……

这种方式是一个我们在咨询中常用的技术，叫作"扎根（grounding）"，帮助来访者恢复身体和情绪，特别当一个人沉浸在极其强烈的情绪中时，利用身体的资源，帮其恢复力量，并且回到当下，是非常有帮助的。

在后期的咨询中，小呆慢慢学会了，再次回忆这些事件时，情绪很强烈该怎么应对，而神奇的是，她说"当我知道该怎么应对后，即便再次回忆起来这样的事件，好像也不那么恐惧了"。

这个看似简单的进步，中间少不了其他更复杂的过程，甚至也会有我们彼此都感受到的无力和沮丧，毕竟面对的是一个我们无法改变的事实。

然而，小呆说过这样一段话："春节期间，我去看了一部电影——《红海行动》，其中有一个场景，讲的是狙击手受伤后，鼓励观察员战胜压力，成功狙击的一幕。狙击手顾顺说了一句话：不要惧怕压力，压力会使我们更专注。我觉得这段话对现在的我同样适用——不管是压力，还是创伤，甚至是痛苦，对我们而言都是负面的、不喜欢的，但是就像顾顺说的那样，不要害怕它们，它们会给我们带来另外一面。我现在更懂得珍惜眼前的生活，看到周围的人为买房买车如此焦虑时，我也更懂得满足，因为真的没有什么比身体的健康和内心的宁静更重要了。"

小呆的这番话，让我看到一个创伤经历者在心灵康复过程中不断积攒的力量。然而面对创伤时，不仅仅有亲身经历者们，也同样有陪伴者们。这里整理了一些小贴士，告诉作为创伤的经历者和陪伴者应该怎么做。

04　应对创伤的小贴士

对于受伤者：

- 允许自己有情绪。情绪是生物本能，也是让我们成为有血有肉之人的必备条件，因而情绪没有任何错，只有处理情绪的行为有是否恰当之分。
- 从监测自己情绪的变化寻找处理情绪的方法。每个人对情绪的感受和应对措施会有差异，可以通过监测自己的情绪在什么时候会更舒服、什么时候会更糟糕，从而找到适合自己的方法。
- 利用五官的感觉，帮助自己恢复情绪。
- 如果通过自我调节，向周边的家人朋友寻求帮助，都无法得到缓解，请记得寻求专业的心理咨询。

对于陪伴者：

- 允许哀伤者表达自己的情绪。请不要告诉他们"不要难过"，请告诉他们"是的，我感觉到你真的很难过"。就像上面所提到的，情绪是一个人自发的本能，是自然而然的流露。当他们表达自己的哀伤或思念时，请设身处地地倾听和理解，那是他们的真实体会。
- 在他们倾诉时，无须太多回应，递上纸巾、递上一杯水，让他们知道我们是在关心他们的。
- 帮助他们运用扎根技术。因为当一个人沉浸在情绪中时，很容易忘记自己已有的资源。
- 建议他们去找心理咨询师。
- 如果作为陪伴者，情绪受他们影响，无法自己调节，也不要忘记寻求咨询师的帮助。

咨先生与询小姐说

小呆的经历，也许你我都曾有过，重要的不是怎么去遗忘，而是如何去面对。我的工作经历中，不乏小呆这样的人。对于小呆们的家人和朋友而言，同样不知道该怎么去帮助小呆们。

不去谈论，很多时候是因为作为安慰者，我们本身是无力的，我们不知道怎么去安慰一个有着巨大痛苦的人。那么当面对创伤，我们能做些什么？希望这篇文章对大家有所帮助。

每个人心中都有一块荒田

季　未

> 荒草丛生，新芽便没有了家园；
>
> 只看过往，未来便从眼中消失……

你犯过错吗？

很多人在回答这个问题时，会不假思索："当然，谁活这么大还没犯过错呀。"诚然，当我们回想过往，大错小错多少都会犯过。那有没有这样一个错，是你最不愿承认和提及，也是你心中最隐蔽的荒田？

逢年过节，我们经常会说祝福的话，祝未来，祝日后……说这些时，语气都是轻松欢喜，但说到过去，确实有时就变得沉重了。

01　背负一块大石头——"……都是我的错"

小伙子 Z 就是个典型的例子。用 Z 的话说，这么多年，他心里一直背着一块大石头，每当想起那件事儿，心中就沉闷得快要窒息。

那是 15 年前，他还在上初中，暑假和比自己大两岁的表哥一起去离家不远的海边游泳，游玩嬉戏了一阵后，海水涨潮，小 Z 和表哥一前一后拼命往岸边游，但是突然表哥的腿似乎抽筋了，只听"啊"的一声，等小 Z 转过头去看时，水已经没过了表哥的脖子，表哥惊恐地挣扎着，小 Z 很怕，更加慌乱地往岸边游去……等到小 Z 回过神来，表哥已经被海水淹没了。

小 Z 说到这儿的时候，已经是悲痛不已，右手紧紧攥着自己胸前的衣服，不停颤抖："都是我的错，如果我当时去救他，他就没事了，可是我太怕了，我是懦夫……"

小 Z 的事件并不是个例，当我们回想起一件让自己痛心的事，经常会做的事就是后悔和强烈的自责，尤其当我们把这件事归因为"都是我的错"时。

02 什么是归因

归因（attribution）是指个体根据有关信息、线索对自己和他人的行为原因进行推测和判断的过程。归因的分类有多种，其中一种分为内归因和外归因。比如，有人因为忘记关掉煤气上的火造成火灾而自责，有人因为开车撞死了 80 岁的老人而悔恨不已，有人因为不小心丢了孩子而心如刀割……电影《亲爱的》中，被人贩子抱走的小孩鹏鹏的妈妈，就在鹏鹏不见了之后，自责自己没及时地下车确认孩子是不是在追自己的车。

"这都是我的错，如果当初我……就不会让它发生了。"悲剧发生后，这句话我们再熟悉不过。这些，都是典型的内归因，也就是将行为归结为自身的性格、能力、品德等原因。

"不，不是我要这样去把原因归到我自己身上，是因为确实是我自己的错，我没法找到一个借口让自己脱身！"小 Z 几乎是控诉着跟我说。

我完全理解小 Z 的感受，也完全相信他所说的"不是我要这样，而是我发自内心地认为就是我的错"，否则他也不会一直痛苦到现在。

所以接下来我们要说说是什么影响了归因。

03 影响归因的因素有哪些

从理论上说，社会视角、自我价值保护倾向、观察位置和时间等都会影响我们的归因。

社会视角是指人们的角色、地位和处境不同，会有不同的看法。比如行动者（当事人）和观察者（局外人）对行为原因会有不同的看法。

从小Z的角度，他意识到自己没有去救表哥，是因为自己太恐惧了，不敢去救；从去世的表哥的父母来看，可能会把"故意不救、品性不好"等因素归结到小Z的身上。

自我价值保护倾向是指通常我们会向有利于自己的方向倾斜。当我们失败时，我们通常会认为是外部环境的因素；而当我们成功时，会认为是我们自己的功劳，这就是典型的自我价值保护。它在一定程度上能够保护我们，但是当小Z这种将错完全归为自己的情况，这种保护就失去了作用。

时间是指随着时间流逝，归因会越来越有情境性。人们对过去很久的事件解释为背景的原因，而不是行为主体和刺激客体的原因。

而跟小Z的事件更相近的，应该是观察位置。观察位置是指人们往往把事情的原因归为突显的、处于注意中心的人和物。

比如，我们一起来做一个小实验：你还记得你收到的至今为止最重要的offer，或者当你向最爱的人表白成功时的场景吗？你记得的细节有哪些？周围有什么？当天的天气如何？旁边有什么房屋、摆设，它们有什么样的颜色和质地？在我没有提出关于周围环境的问题时，你会想到周围环境中的细节吗？

人的注意力是有限的，只有当我们关注于某件事时，我们才会将它放入注意力范围之内，而剩下的那些我们认为不重要的，就被我们忽视了。回忆也是一种注意，是对过去事件的注意，它同样也会出现这样的状况。正因为如此，才会出现上文中小Z那样无奈的控诉，因为在他的记忆和印象中，只有表哥惊恐的挣扎还有他不敢去救表哥的害怕。他把自己的原因看得比外部环境更重要，他认为自己没有去救表哥才是导致表哥死

亡的原因，他忽略了汹涌的海浪这个强大的外部因素。他认为自己不应该
害怕，应该试着去营救，他忽略了人的本能（为适应环境而产生的自我保
护）这个因素。

04　如何面对我们内心的这片"荒田"

从理性的角度，这样的分析是合乎逻辑的，小 Z 也能接受，但是
"知道容易做到难"，那如何面对我们内心的这片"荒田"呢？

一是面对。

这是非常难的一步，面对意味着我们要去看看那伤口，会很痛，但是
如果想要把伤口治愈，我们又不得不去处理这个伤口。

当我们真的下决心去面对这件事时，那么我们再来了解一下"未完成
情结"。

未完成情结（unfinished business）是心理学中的一个专业术语，它是
指对没有结束的事情一直记挂于心，从而产生轻微的不适感和挫败感。所
以如果想要处理内心的遗憾和痛苦，我们必须得跟它告别。

二是告别。

告别不是简单粗暴地克制我们去想它，反而是更接近它。

首先要表达。在这里，我很愿意向大家推荐一种我们经常用来处理哀
伤的方法——表达内心的遗憾或愧疚。

在经过几次交流后，小 Z 已经准备好向表哥去表达。他在纸上写下
对表哥的歉疚，表达了自己当时的恐惧以及这种恐惧给他带来的 15 年挥
之不去的自责。在他痛哭流涕的内疚稍微平复之后，我再次邀请他从表哥
的立场，给自己写一些回信。慢慢地，小 Z 感觉再次和表哥连接上，并
且能够有机会向表哥表达自己的感受了。

满脸泪水的小Z说，15年了，自己只是不停地在梦中哭醒，在不经意想起的时候痛恨地捶打自己的胸膛，却从来没有这么直接地向过世的表哥表达过自己内心真实的想法。

表达，并不见得会出现"药到病除"的神奇效果，但每一次表达，对于我们来说，都是一种哀悼，这种哀悼让我们内心的难过、愧疚、自责被看见、被承认，每一次当我们开始哀悼并意识到这种哀悼时，我们才开始和自己内心的愧疚和解。用小Z的话说，"每一次表达，都像在我的荒田里拔一次枯草，让我内心的土壤开始慢慢复苏"。

其次是告别。在和小Z就表达工作了一段时间后，小Z提出来，已经做好准备和表哥道别。我邀请他拿出之前写的纸条和信，点燃打火机，让这些纸条和信慢慢被火苗吞噬，就好像把它们再次寄给天堂的表哥。

这是一种仪式，就像老百姓家里有人去世会开追悼会，会在逢年过节的时候给去世的亲人烧纸钱。我们用这样的方式，慢慢接受亲人离去的事实，慢慢与他们告别，也通过这样的方式，帮我们寄出思念，给我们安慰。同样地，小Z不仅是在跟表哥告别，也是在跟内心的愧疚和自责告别。

"我不确定这一刻起我是否解决了这件事情，但是我相信，这对我而言一定是新的阶段和起点。"小Z的这番话，充满了力量。

三是接受和改变。

当我们发自内心地和内疚、自责告别时，我们便有能力让我们的视野从内疚事件本身，拓宽到更大的范围。我们会慢慢思考，如何面对接下来的生活，我们可以做一些什么来加以弥补。

我们会开始重新思考生命的意义。一个肉体的逝去，就意味着他生命的终结了吗？他的精神、他的灵魂，带给了我们什么？

我们会开始思考自己的价值。我酿成了如此大错，我为此付出了几年、十几年甚至几十年的悲痛，肉身自由，心却如囚笼，那么接下来的几十年，我还要这样度过吗？

我们除了悲叹过去，未来我们可以做什么？

情绪去了该去的地方，理智才会慢慢回来。就好像我们内心的荒草只有被拔光之后，才能重新长出新的生命。

荒田不可怕，重要的是，你什么时候愿意去修理一下那片荒田呢？

咨先生与询小姐说

哀伤是一个艰难的过程，作为亲历者，我们都会经历最痛苦和最孤独的时刻，因为这是一条难走的路；作为陪伴者，我们能做的只有陪伴和支持，因为这是一条最终需要亲历者自己走的路。然而经历过哀伤的生命，必然会得到更有厚度的收获。

那些未曾与母亲谋面的孩子

季　未

> "如果他来过，又走了，那不是他的错，更不是你的错。万物皆有定数，那同样是一种祝福。"这句话，来自我的来访者，也送给所有有着相同经历的姐妹们。

每个人这一生中，终究会经历丧失。有人失恋，有人失婚，有人失去亲人，有人失去物品……每一种失去，都会勾起我们无数的情绪。而那些停留在心中的哀伤，是否去了他们该去的地方？

01　好好地，突然就失去了腹中的胎儿

坐在我面前的小青，此刻双眼泛红，眼神凝重，眉头轻蹙。此刻的她仍然沉浸在无法接受胎儿离开的悲痛中。两个月前，小青刚做完清宫手术，她在怀孕快满三个月时，被告知胎停，建议手术。而在此之前，她们全家都沉浸在迎接这个新生命的喜悦中。

"为什么好好地，突然就没了？我不知道我做了什么……"短暂的沉默后，小青的泪水夺眶而出。坐在她对面的我，感受到巨大的悲伤和心疼。

小青曾不止一次地提到这句话"我不知道我做了什么……"，这句话里，带着深深的内疚和自责。她责怪自己没有保护好腹中的孩子，没有及时发现异样。从得知胎停开始，她便一遍又一遍地推算从还没有知道怀孕时，自己所做的一切有可能造成胎停的事：走路太快了、站着的时间太长

了、没有警惕新办公楼的甲醛、吃坏肚子……所有能想到的自己的行为，都变成了胎停的"元凶"。

内疚，是每一个母亲在失去孩子后除了悲痛外，最为普遍的情绪了。

02　内疚需要被讨论

我的另一外来访者，一个曾经怀了双胞胎的准妈妈，在胎儿四个多月大的时候，突然被告知，其中一个胎死腹中。这对她，无疑也是晴天霹雳，震惊、悲痛之余，便是巨大的内疚。她责怪自己没有注意睡姿、责怪自己没有尽可能多地吃饭，责怪自己前三个月有孕期反应……

在我们工作了几次之后，我邀请她抚摸着那个小生命曾经在的地方，对它说出自己的内疚。泪水滂沱的她，说道："我真的很内疚，没有及时发现你的异常，我不是个称职的好妈妈……"巨大的情绪湮没了她，我邀请她调整了呼吸，帮助她进行了身体的放松。

在她表达完后，我再次询问她："为了让两个胎儿都能够健康，你做了哪些努力？"

"我其实很小心，走路怕摔着，甚至都改坐电梯而不是走楼梯；怕电脑有辐射，我特地穿上两件防辐射服……"

"所以你已经尽力了，请你告诉你失去的那个胎儿，"我让她加上这句话："我已经尽力了，我很内疚，但是我真的已经尽力了。"后面一次咨询的时候，她告诉我，那天晚上，她做了个梦，梦到一条小蛇，那条小蛇看着她，然后很欢乐地游走了。

当我们陷入内疚的过程时，我们很容易忘记自己曾经做过的努力。所以这时候，提醒自己回想曾经做过的努力尤为重要。

然而确实有过不同的来访者，告诉我说她因为还没有做好结婚的准备，主动选择了流产，她的内心有着更多的内疚："我主动放弃了它，我是一个凶手……"这样对自己的控诉，都来自于她认为自己是罪魁祸首。在平复了她的情绪后，我和她讨论了当时她现实中遇到的困难和她的考虑。慢慢地，她会意识到，自己也确实迫于现实的无奈，才会做出这样的选择，并不是有心而为之。

对自己的谅解，才能将我们从蒙眼自责的非理性思维中解脱出来，帮我们跳出来，看到更多。

03 哀伤需要被表达

很长一段时间里，小青不和其他人提起胎停的事，包括家人和朋友。她说："其实很多时候，我自己也会无法理解，为什么自己会这么难过。但是每次不经意回想起这件事，那种真切的体会都会突然袭来，心里一酸，眼泪止不住地往外流。"

小青的内心是矛盾的，一方面她会觉得自己"没有必要这么伤心"，另一方面，她又真实地体会着悲伤。

"我从你的话中，听到了两层含义。一方面你确实能体会到失去的伤心；另一方面，好像有个声音在告诉你'没有必要这么悲伤'。"我把我的想法反馈给她。

小青泪水再次涌出，点点头说："每个人都在告诉我'没事的，还会再怀的……'甚至我也不会跟我老公提，因为他会说，'没关系，我们还会有的'。我会觉得我不应该难过，好像是我自己太矫情了。"

"伤心是你真实的情绪。"我说道。

话音刚落，小青掩面而泣，开始哭出声音，双肩也开始有轻微的颤抖，我知道，也许只有在这里，她的伤心才是被允许、被看见和接纳的，她需要时间和这个真实的情绪待一会儿。

帮助小青接纳这个情绪是第一步。而接下来，我要开始对她头脑中的声音做工作。

我说："对那个'没必要这么悲伤'的声音，你想要说些什么？"

小青说："为什么我没必要悲伤，这是我真实的感觉，我为什么不能悲伤？……我也不想悲伤，可是我就是感觉到了悲伤啊……"

小青的语气，从委屈到愤怒，再从控诉回归平静，最后更加坚定……这个过程，看似很短，却在她心里藏了很久。

面对失去胎儿的痛苦，我们通常做的一件事，就是去安慰，不谈论，甚至回避。然而当哀伤被压抑，它并不会减少，反而因为太多的积累而滋生更多的情绪。当情绪再次席卷时，找个安全的场所（或在内心里），允许眼泪出现，允许悲伤表达，允许内疚浮起。

如果情绪太过强烈，请对自己"加强支持"，这是格式塔心理学中的一种方式，主要有：（1）调整呼吸；（2）注意自己的身体姿势并让自己处于一个舒服的身体姿势；（3）扎根（grounding），让双脚保持与地面的接触。

以上这些，都是在帮助我们调节身体的感受，生理和心理的密切关系不言而喻。因而当我们被情绪完全湮没时，身体的改变会对于改变心理感受起到很大的作用。

04 回归理性，哀伤寄存

当一个准妈妈突然失去胎儿，通常会陷入巨大的哀伤，"我失去了我的孩子"这句话也常被放在嘴边……在内疚得以处理、哀伤得以表达之后，我们要告诉她"你失去的是一个胚胎，它还不是一个孩子；就像一颗种子，它还没有发芽，它还不是一棵参天大树"。这样会帮她重新回归理性，更客观地看待自己失去胎儿这件事。

当一个人处于巨大的悲痛中时，也确实会忘记从其他的视角去看待问题。因而我邀请小青，从那个离开的胎儿的角度，对小青说一些话。从刚开始痛哭到无法表述，再到最后借胎儿之口表达了原谅，小青才开始慢慢地宽恕自己。

"很感谢你，让我来过。现在我需要去其他地方，也希望我们曾经在一起的美好回忆能够被保留下来。祝福你，也同样希望你能祝福我。"这是小青从胎儿的视角说的一番话。多美的话语，宛如诗句，亦胜似诗句。我听着这些，内心跟着一起感动、柔软。

咨询的最后阶段，我对小青的"哀伤寄存"进行了处理。她逐渐能够更理性地看待失去胎儿这件事，我邀请她想象着将对胎儿的思念、悲伤等全部情绪，打包放在一个盒子里，我请她仔细想象这个盒子的样子，颜色、质地、大小、形状等，尽可能地仔细。然后想象她如何打开盒子，如何将这些情绪放进去，如何将盒子关上打包，放在哪里。这个过程，我们称之为"哀伤寄存"，这样的做法让哀伤可以被安放，我们也能知道我们并没有忘记那些哀伤，只是暂时寄存了他们，而我们同样也能带着他们继续前行。

最后的最后，我希望再次引用小青的话来结束我的文章："如果他来过，又走了，那不是他的错，更不是你的错。万物皆有定数，那同样是一种祝福。"

🤵 咨先生与询小姐说

在我写这篇文章时，距离我失去第一个胎儿整整两年零一个月。写下这些文字时，失去它的悲痛仍会一遍遍袭来，那些零星的片段也会不断地再现。然而写下这些，我也是再一次和我自己进行着工作，那些曾经的放不下的情绪，也慢慢变得平静，这样的表达，又何尝不是一种哀悼的过程。

流产，无论是主动选择还是被医生宣告，对每一个女性而言，都或多或少是一种创伤性体验，因为每个人在当时都有着无奈的缘由。而我们，不是一个人，我们彼此同在，也能相互懂得。

参考文献

[1] 郭念锋. 国家职业资格培训教程心理咨询师（三级）[M]. 北京：民族出版社，2012.

[2] 魏钧，李淼淼. 我国"80后"新入职大学生社会化障碍与适应策略 [J]. 现代大学教育，2013 年 02 期.

[3] 刘丽婷，凌丽. 大学生入职后心理问题的相关研究 [A]. 中国心理卫生协会. 中国心理卫生协会第五届学术研讨会论文集 [C]. 南昌：中国心理卫生协会，2007.

[4] Who calls for coordinated action to reduce suicides worldwide[EB/OL]. wpro.who.int，2014 年 9 月 4 日.

[5] 叶敏捷. 心理危机干预的步骤 [DB/OL]. www.haodf.com，2016 年 9 月 4 日.

[6] 季龙妹. 从心理学角度分析：成人叛逆的原因是什么？[DB/OL]. 上海心灵花园心理咨询中心.

[7] Ryshell Castleberry. My wife does not work[DB/OL]. www.facebook.com，2016 年 3 月 3 日.

[8] 平安财富宝. 平安财富宝国人焦虑指数报告 [EB/OL]. 2016 年 6 月 28 日.

[9] A．C．葛瑞林（著），叶继英（译）. 友谊 [M]. 北京：中国人民大学出版社，2016.

[10] Mittal C., Griskevicious V., Simpson J. A., Sung S. Y. & Young E. .Cognitive adaptations to stressful environments: When childhood adversity enhances adult executive function[J]. Journal of Personality and Social Psychology, 2015.

[11]Markin S. Could childhood adversity boost creativity? [J]. Scientific American, 2016.

[12] 魏丽萍，陈蕾（译）. 精神障碍诊断与统计手册（第 5 版）[M]. 北京：北京大学出版社，2013.

[13] 林文采（马来西亚），伍娜. 心理营养 [M]. 上海：上海社会科学院出版社，2016.

[14] 维吉尼亚·萨提亚（著），易春丽，叶冬梅等（译）. 新家庭如何塑造人 [M]. 北京：世界图书出版公司，2006.

结语

最生活的智慧，藏在最普通的百姓心中

我的一位朋友，曾经陪伴过我度过女人最幸福也是最疼痛的那些日子的月嫂阿姨，听说我在编写一本心理咨询方面的科普书籍，给我发微信消息说：等书出版了，一定要告诉我，我要抢先买一本。我说：到时候我送你一本吧。她说：不要啊，我要自己买，而且不要打折的。

记得她刚来我家时，听说我的职业是心理咨询师，脸上也是流露出难以掩饰的吃惊和好奇。一个多月的朝夕相处，她在帮助我调理身体和养育孩子的同时，也360度全方位地了解了一位心理咨询师的"真面目"。我会在喂奶时难以忍受钻心的疼痛而涕泪横流甚至大发脾气，我会嫌弃婆婆还保留着稀奇古怪毫无科学根据的育儿方法，我也会因为老公没有一下班就立刻来慰问我们柔弱的娘儿俩而愤恨委屈……然而，过不了多久，她还在紧张我的情绪呢，我已经忘记那些了。与其他产妇相比，我似乎更容易从糟糕的情绪体验中复原。那时候我有空就翻几页书，或者跟小伙伴们讨论学习和写作计划，甚至还有选择地做了三次电话咨询。当然，我们做得最多的事，还是照顾大人和小婴儿。

我清楚地知道产后抑郁是怎么回事儿，它的发生率很高，它不会因为我是心理咨询师就不来找我，它的影响又是那么可怕，既折磨当事人也折磨整个家庭。所以，我提前就告诉自己：我要照顾好自己，顺利度过最辛苦最难熬的一年。

虽然因为生孩子而休了长假，我仍然有意识地保持与外界的互动，我也随缘地发展与身边人的关系，比如月嫂阿姨。当她向我诉说关于教育子女、夫妻关系、工作选择、人际关系等方面的一系列困惑时，我也乐意把心理学的知识和一些案例经验与她分享——用客观中立的语言而不是主观的生活经验。今天想来，那些在忙碌中有一搭没一搭的聊天，在很大程度上，转移了我对辛苦的注意力，缓解了我因身心劳累而积压在内心的张力；同时，"好为人师"的我在向她分享知识和见解的过程中，也获得了某种成就感——这可能是抵抗抑郁情绪的有力武器。

在我们的谈话中，她终于明白了为什么她的独生女都快三十岁了还是那么幼稚任性，做事不计后果；明白了父母超出自身承受能力的过分宠爱和过度保护有可能培养出一颗温室的花朵，不但经不起风吹雨淋，更不懂感恩；也明白了即使知道了女儿不懂事的原因，做父母的也不必自责或者后悔，更不必拿着自己的辛苦付出去责怪和要挟孩子，因为那都于事无补。能做的就是"温柔而坚持"地在自己和成年的女儿之间发展一种有"边界感"的亲密关系，不再无条件地包涵她所有的理所当然式的索取——只有这样，女儿才有机会摆脱依赖、学会担当，才有机会进步和发展，才有可能把握生活和命运的方向——而这才是大部分父母养育儿女的初心。

我们还一起探讨了另外一些让她感到困惑的问题，比如邻居家六七十岁的老年人还要续弦是不是"不要脸"，亲戚总是来借钱怎么办，等等。她觉得在我家工作真是值了，能够一下子弄明白自己很多年都想不通的事，心理咨询师与人聊天的方式跟一般的亲戚朋友不一样，有很多不一样的视角和方法。等到分别的时候，她已经大致懂得心理咨询是怎么回事了，并且因为学习到了新的分析问题和解决问题的思路而喜悦。她说，她也要把学习到的知识用在今后的工作和生活中去。

其实，我心里知道，在跟她的聊天中，我也是受益的那一个。有一次我向她倾诉对婆婆某些做法的不满，她对我说，曾经她也对婆婆很有意见，甚至经常跟婆婆关系僵持互不理睬。但是当她婆婆因病去世的时候，她竟然感觉到深深的悲痛和伤心。婆媳之间也许有千古不变的矛盾，但也有一个屋檐下互相照应的恩情，她们的生活目标甚至都是一样的。我听到这些的时候，非常震惊，仔细想想，确实有道理，心中的戾气顿时消散了很多。这也让我体会到"三人行，必有吾师"以及"助人自助"的正确性。

　　写下我跟月嫂阿姨相处的经历，是想告诉大家，心理咨询要解决的事情大部分是跟老百姓关系密切的那些常见的烦心事儿，你和我在生命的某个节点都会与它狭路相逢，当我们用自己的智慧和经验无法搞定的时候，别忘了还有心理咨询可以选择。一位合格的咨询师有能力陪你探索一条柳暗花明的新路。当然，找她的时候别忘了带上你的钱。因为没有钱，她可能没有米下锅，没有米下锅，她饿着肚子估计没法干活儿。还有就是，她跟你面谈之前可能花了数倍于咨询本身的时间去做准备工作——时间也是米，不是吗？别说"聊天"不需要米，要不你来做个试试？

　　得益于月嫂阿姨的照顾，我顺利地度过了月子期。她让我想到，也许最生活的智慧，是藏在最普通的百姓之中。那些专业知识渊博或者专业技能拔尖的社会精英和白领们，也许在某一个领域是专家，但在生活的鸡毛狗碎和风刀霜剑面前，未必也有专业级的应对策略。困惑不解的时候，沮丧绝望的时候，不妨放下固有的姿态，寻求来自不同领域或者不同层次的帮助，说不定会有意想不到的收获，那感觉就像三伏天满身是汗突然刮来一阵清风，让人舒爽无比。没体验过怎么能说努力过了呢？

　　只可惜这些道理，一般人我不告诉他。因为我认识的人毕竟有限，想告诉很多人也没有门路。只有少数的有缘人，能有机会听我真诚地述说一二。你是那位有缘人吗？希望看到这本书的你能有点滴收获。

　　我们的写作团队年纪不算小也不算大，跟很多普普通通的人一样，在理想与现实互相挟裹的人生浪潮中，我们做着平凡的工作，同时也在思考和探索生存之外的价值和意义。这可以算作是本书写作的初衷。如果书中有一些内容引起了读者的思考或者正向改变，那我们为此感到欣慰和自豪。

　　最后，向我们在写作过程中坐过的冷板凳、熬过的漫漫长夜、邂逅的凌晨星光致敬！

陈英丽

2018 年 10 月于苏州